BACKGROUND WALL
COLLECTION

清新
卷

背景墙精选集

于 玲 林墨飞 迟家琦 吕 明 主编

辽宁科学技术出版社
·沈阳·

《背景墙精选集——清新卷》编委会

主　　编：于　玲　林墨飞　迟家琦　吕　明
副主编：潘镭镭　胡　杰
编　　委：郭媛媛　席秀良　方虹博　武子熙　朱　琳

图书在版编目（CIP）数据

背景墙精选集．清新卷 / 于玲等主编．— 沈阳：辽宁
科学技术出版社，2015.7
　　ISBN 978-7-5381-9201-8

　　Ⅰ．①背…　Ⅱ．①于…　Ⅲ．①住宅 - 装饰墙 - 室内
装饰设计 - 图集　Ⅳ．① TU241-64

中国版本图书馆 CIP 数据核字（2015）第 075668 号

出版发行：辽宁科学技术出版社
　　　　　（地址：沈阳市和平区十一纬路 29 号　邮编：110003）
印　刷　者：辽宁一诺广告印务有限公司
经　销　者：各地新华书店
幅面尺寸：210mm × 285mm
印　　张：5.5
字　　数：200 千字
出版时间：2015 年 7 月第 1 版
印刷时间：2015 年 7 月第 1 次印刷
责任编辑：王羿鸥
封面设计：魔杰设计
版式设计：融汇印务
责任校对：徐　跃

书　　号：ISBN 978-7-5381-9201-8
定　　价：34.80 元

联系电话：024-23284356
邮购热线：024-23284502
E-mail:40747947@qq.com
http://www.lnkj.com.cn

清新卷

目 录
CONTENTS

▶ 打造清新背景墙的三大法宝：硅藻泥、壁纸、挂画

硅藻泥：是一种新型的环保涂料，不仅可以满足各种墙面风格的底色要求，同时还具有清新室内空气的作用，满足视觉清新感的同时，也可使居住于此的主人呼吸到清新的空气。

壁纸：小清新的背景墙往往离不开碎花与条纹元素，最简易的方法就是选一款这样的壁纸大面积铺贴上墙，不是主角，却是烘托气氛的好手。

挂画：如果突然感到家居空间不够温馨，如果突然感到家居空间不够浪漫，如果突然感到家居空间不够大气，如果突然感到家居空间不够时尚，只需要一幅挂画，就会重燃对家的爱意，收获一份意想不到的新鲜感。

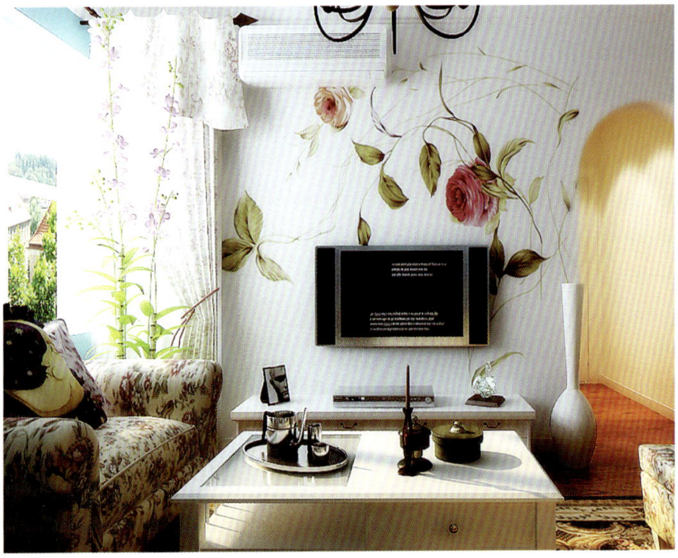

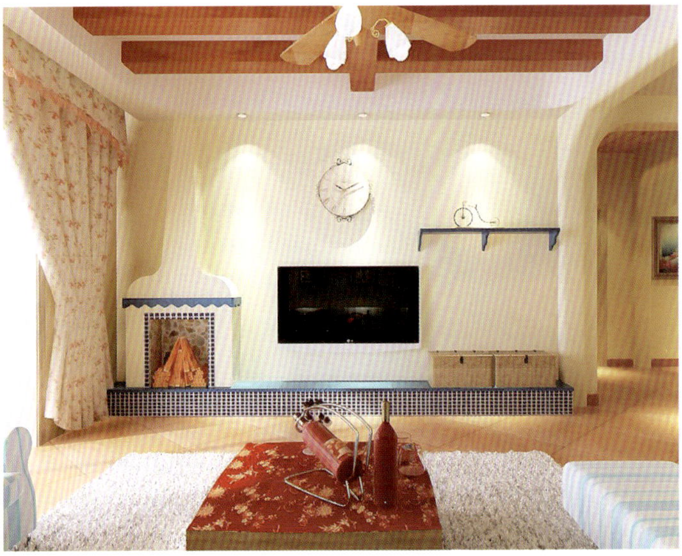

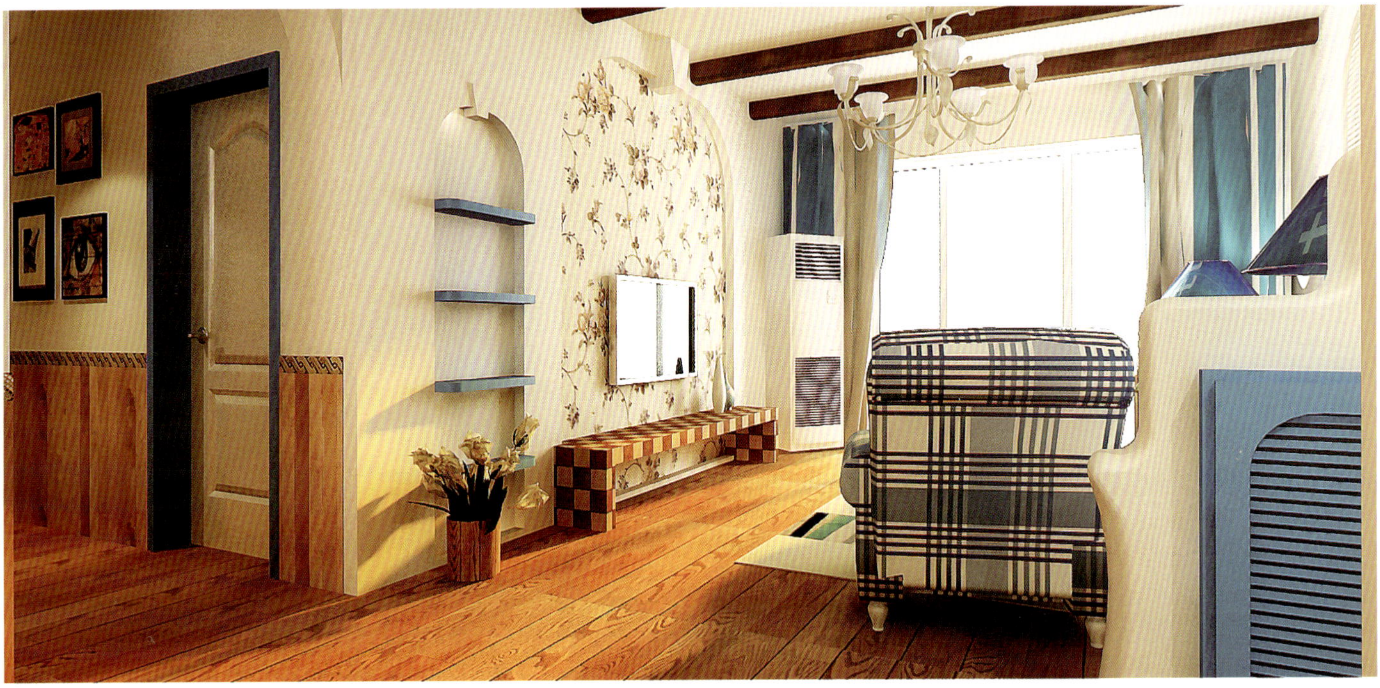

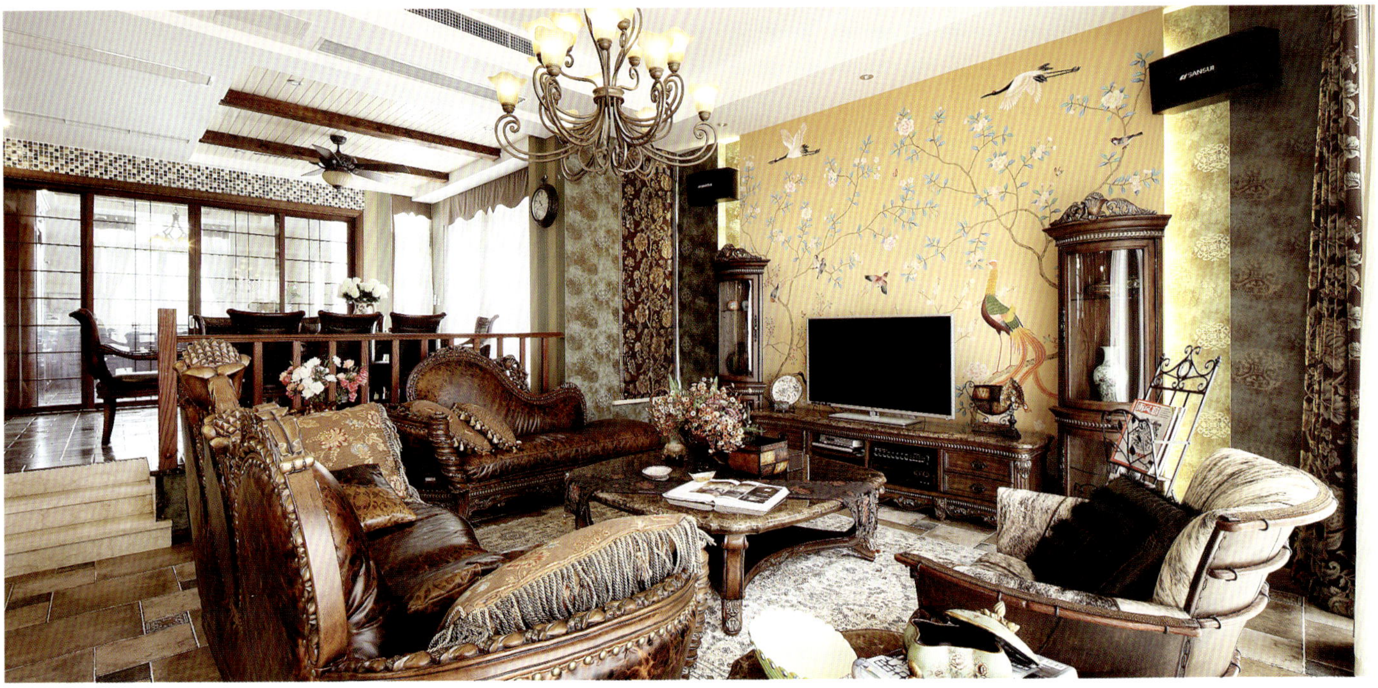

设计要点

美式设计风格总体强调自然舒适、高贵怀旧、简洁实用、自由浪漫。客厅作为待客区域，要求简洁明快，同时较其他空间要更明快光鲜。该样板间电视背景墙的粗糙石英壁布肌理和精致的碎花壁纸形成鲜明对比，搭配走廊实木的吊顶，更接近自然。其中案例中的拱形墙面造型是美式风格的重要造型元素之一，它在居室各个空间应用都十分广泛，带有厚重的怀旧气息。此外，打造纯正美式风格，陈设的挑选绝对是画龙点睛之笔。如图中美丽大方的地毯恰到好处地为整个居室氛围平添许多温暖，花瓣吊灯也突显了自由、浪漫、豪放的气质。

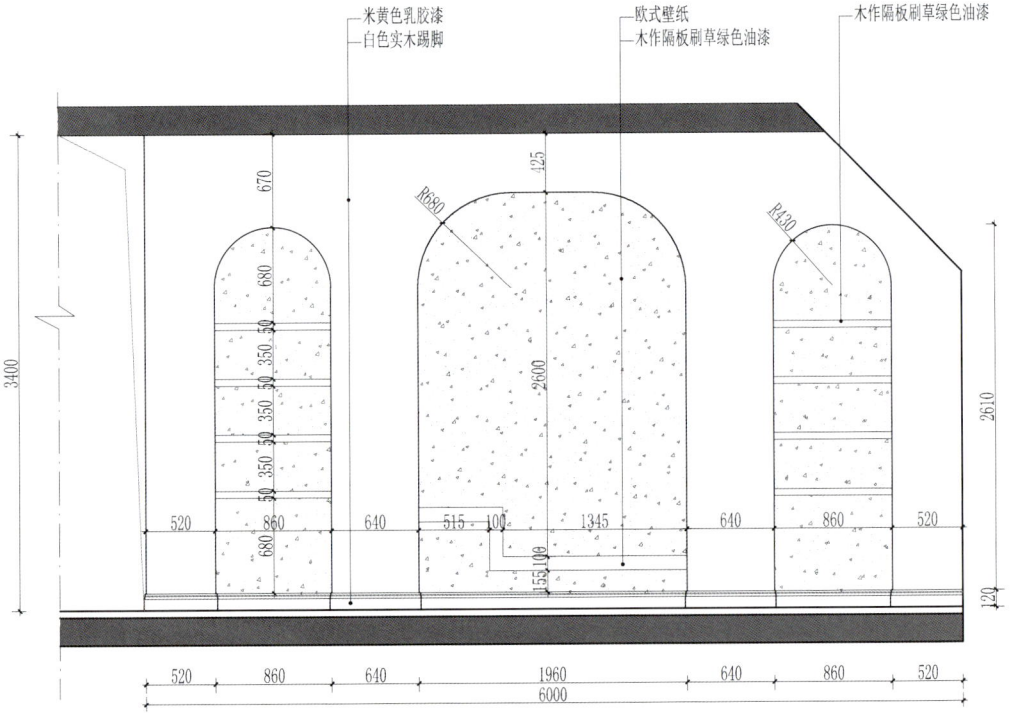

⊙ 拒绝喧宾夺主的电视背景墙

　　背景墙，顾名思义就是作为背景的墙面。电视背景墙通常是为了弥补客厅中电视机后面墙面的空旷而设计，电视是家人聚焦的中心，而墙，则是电视的背景。所以在电视背景墙的设计上，应该做到有主有次，不要喧宾夺主。首先，电视背景墙应该以养眼为设计宗旨，这个养眼，不单纯是指漂亮的意思，也是保护眼睛的意思，所以，在电视背景墙颜色的选择上，要尽量选择柔和一些的颜色，观看电视的时候余光也会看到背景墙，如果颜色过于鲜艳，则会让人无意识地分散精力，长时间下去容易产生疲劳的感觉。其次，背景墙的设计要与家居的整体设计风格相一致，不要过于突出，和谐一致的设计才会让人感觉到舒适。同时，在做电视背景墙设计的时候，要注意材料的选择，以简单且环保的材料为好，如环保乳胶漆、硅藻泥、环保壁纸等。

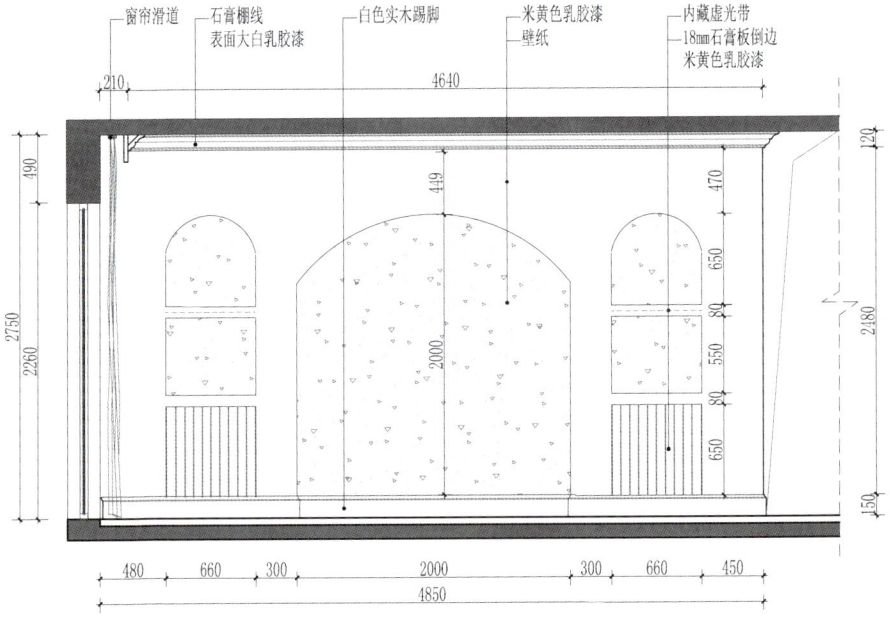

设计要点

摒弃了过多的烦琐与奢华的田园风格客厅，既简洁明快，又温暖舒适。这间客厅在装修、软装饰和用色上非常统一，花卉图案的背景墙壁纸、沙发和窗帘，加上造型优美的灯饰，让人沉浸在田园的清新惬意中，顿生闲散之意。仿古砖地面、乳胶漆墙面确定了该房间以米黄色调为主，搭配欧式的拱券造型和装饰画，使空间气氛轻松而明快，很好地强调田园气氛。此外，白色的百叶壁橱门，流露出自然温暖的表情；精致的陈设品融入暖色的整体环境之中，充分体现设计师和业主所追求的一种安逸、舒适的生活氛围。

窗帘滑道　　石膏棚线　　　　白色实木踢脚　　米黄色乳胶漆　　内藏虚光带
　　　　　　表面大白乳胶漆　　　　　　　　　壁纸　　　　　　18mm石膏板倒边
　　　　　　　　　　　　　　　　　　　　　　　　　　　　　　米黄色乳胶漆

210　　　　　　　　　　4640　　　　　　　　　　　120
490　　　　　　　449　　　　　　　　　　　　470
2750　　　　　　　　　　　　　　　　　　　　630
2260　　　　　　　　　　2000　　　　　　　　　80　　　2180
　　　　　　　　　　　　　　　　　　　　　　550
　　　　　　　　　　　　　　　　　　　　　　80
　　　　　　　　　　　　　　　　　　　　　　650
　　　　　　　　　　　　　　　　　　　　　　150

480　　660　　300　　　　2000　　　　300　　660　　450
　　　　　　　　　　　4850

▶ 如何协调电视背景墙与客厅天花的关系

在室内设计中，背景墙的设计需要平面与立体、界面与空间、二维与三维之间不断地交替思考，如果只考虑墙面，而忽略了邻近界面，如天花、地面等，就很难形成和谐美观的整体空间。

在客厅的设计中，个性张扬的电视背景墙与天花的关系十分密切，在设计墙面的时候，我们可以将电视背景墙与天花作为一个整体的界面来考虑，也可以将二者分开。

首先，可选用"棚墙一体化"设计。将电视背景墙与天花作为一个界面来统筹考虑设计，通常依靠装饰造型的手法，削弱或取消电视背景墙与天花固有的、因角度而产生的几何特征，采用统一的色彩、材质，这样可形成视觉上一体的感觉。

其次，要保持电视背景墙与天花所形成的垂直关系。可以采用压角线、压直板的方法，除了能够达到一定程度的装饰效果，还能弥补墙角与天花在建筑施工时所产生的误差，使界面看上去更完整、更精致。

同时，我们可以将电视背景墙与天花分离设计，在做天花吊顶的时候，让其与电视背景墙留有一定的缝隙空间，在缝隙处配以虚光，使天花宛如悬于空中，别具特色。

设计要点

　　欧式设计风格强调以华丽的装饰、浓烈的色彩、精美的造型，达到雍容华贵的居室装饰效果。欧式风格的营造包括三个主要方面：一是造型设计，例如拱门、柱式、壁炉、吊顶等；二是家具摆布，例如床、桌、椅、几柜等；三是陈设搭配，例如墙纸、窗帘、地毯、灯具、壁画、油画等。本案设计中即体现了以上三点：花瓣状拱形背景墙的层次性和装饰感极强；局部贴传统欧式纹样的蓝色壁纸与其他墙面的浅色乳胶漆形成色彩和质感上的对比；灯具选择了传统的枝状吊灯和壁灯，并通过层次感较强的吊顶造型烘托照明气氛；白色的简欧家具造型典雅、精致，整间客厅给人沉稳、典雅、亲切而宁静的欧式韵味。

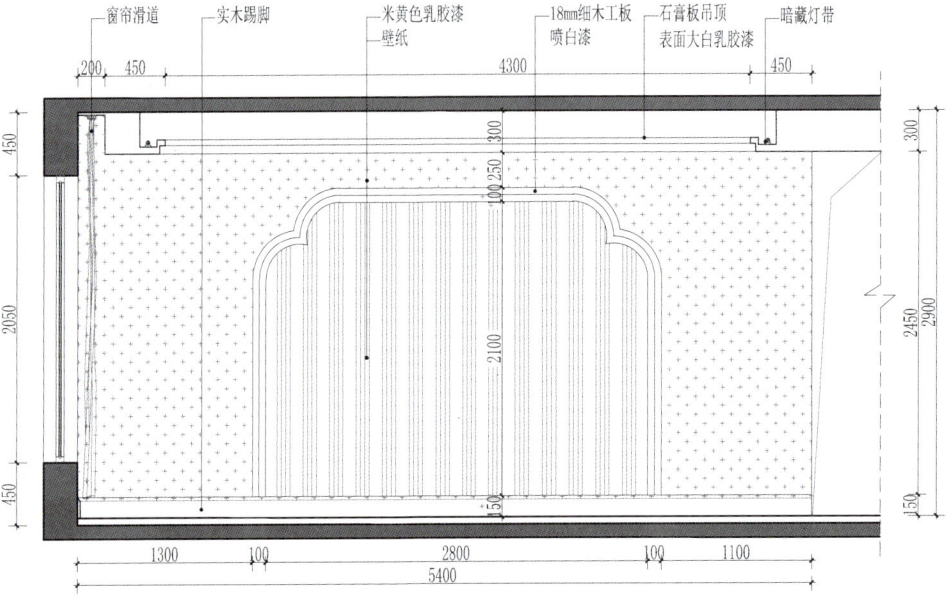

设计要点

　　这是一间典型的田园居室风格的客厅。这类风格在材料选择上多倾向于面砖、木材、石材、竹器等自然类材料,力求表现悠闲、舒畅、自然的田园生活情趣,体现室内环境的"原始化"、返璞归真的心态和氛围,和乡村的自然特征。为了让居室看起来其乐融融,还可以在配饰选材上多取用一些舒适、柔性、温馨的材质组合,如印花布沙发、碎花墙纸,还有手工纺织的麻织物编织画等。以该客厅为例,电视背景墙材料为红砖、混油条形木作造型;墙面为驼色乳胶漆;天花用本色木梁装饰;家具采用白色木制茶几、电视柜配以碎花沙发。

▶ 烂漫舒适的田园电视背景墙设计

　　田园风格，又称为乡村风格，属于自然风格的一支，倡导回归自然，在美学上推崇自然美，力求表现悠闲、舒畅、自然的田园生活情趣。

　　田园风格的电视背景墙设计受到很多都市人的喜爱，在享受视听生活的同时，使主人可以感受到舒适的自然环境，体验到自在悠闲的感觉，表现出一种对浪漫的幻想。设计上，田园风格讲求心灵的自然回归感，一种扑面而来的清新气息。田园风格倡导回归自然，美学上推崇自然美，认为只有崇尚自然、结合自然，才能在当今高科技快节奏的社会生活中获取生理和心理的平衡。

　　田园设计风格在配色上大胆而鲜艳，黄色、红色、蓝色的色彩搭配，可以反映丰沃、富足的大地景象。也可以用浅色搭配些不太鲜艳的色彩，如米色、淡黄、浅灰绿，甚至是浅灰色等，搭配起来会显得优雅成熟，给人以含蓄内敛、从容淡雅的生活气息。

设计要点

　　该案例的美式客厅给人的第一印象，洋溢着岁月沉淀的痕迹。其中，精美的铁艺隔断和装饰是本案例的设计亮点。铁艺即铁花艺术制品，是以铸铁、钢条、圆钢为材料，经铸造、手工锤打、弯制、焊接、铆接的曲线型装饰图案、几何图形工艺产品。铁艺因自身材料和工艺的特殊性质，起着其他材料无法替代的作用，体现着装修材料和风格的多元化，铁艺厚重古朴，刚柔并重，令人赏心悦目。现在家庭装修中铁艺主要运用于隔断、暖气罩、玻璃造型门、复式结构楼梯护栏、墙面造型等处。铁艺点缀于背景墙、立柱造型或隔断等中，色彩、材质等装修元素，有相得益彰之感。

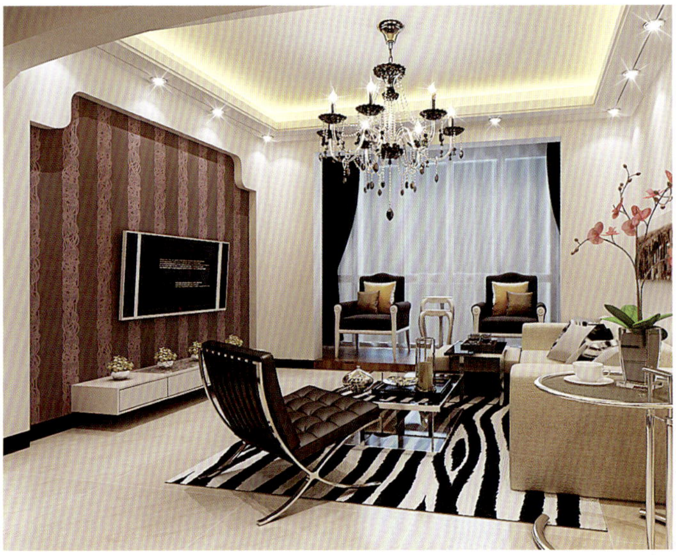

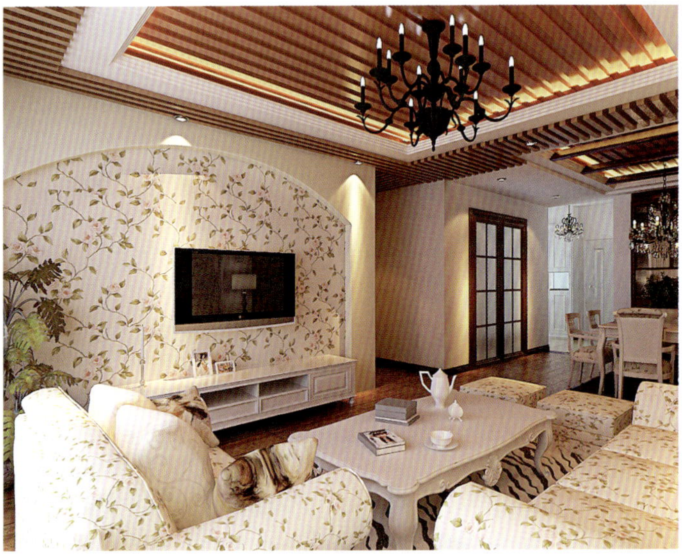

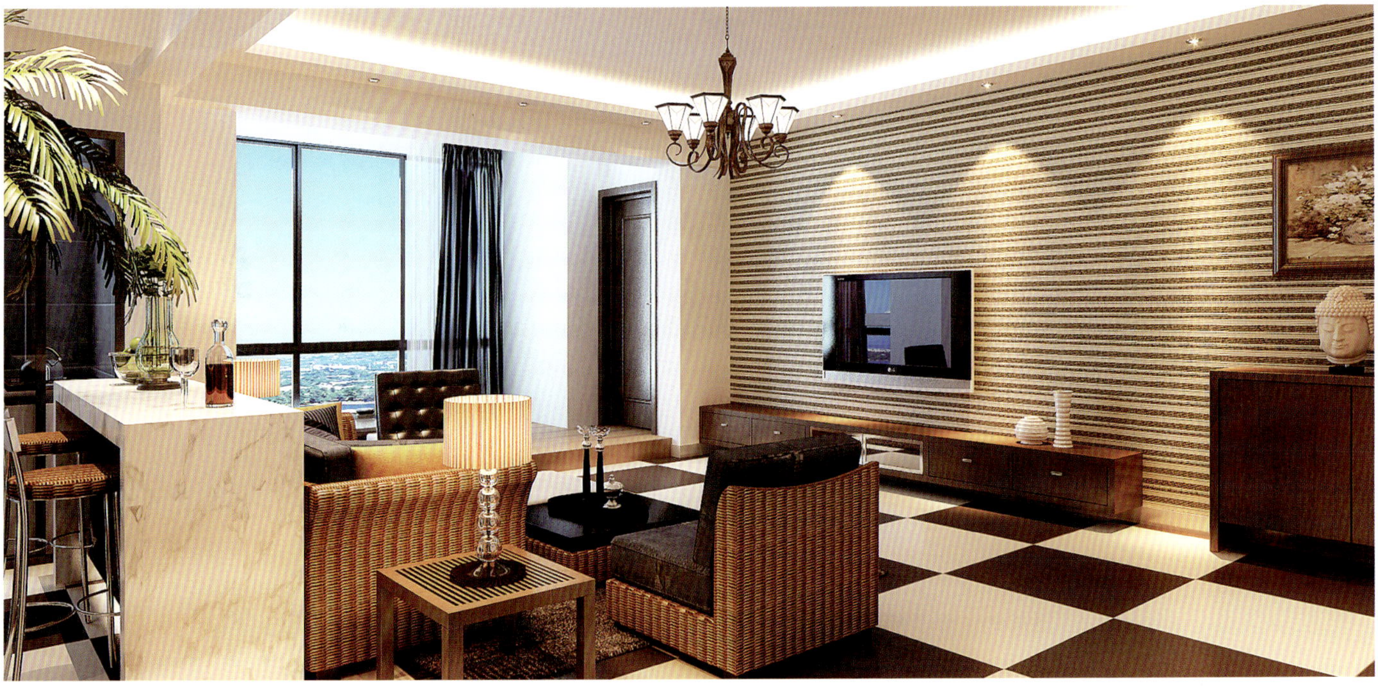

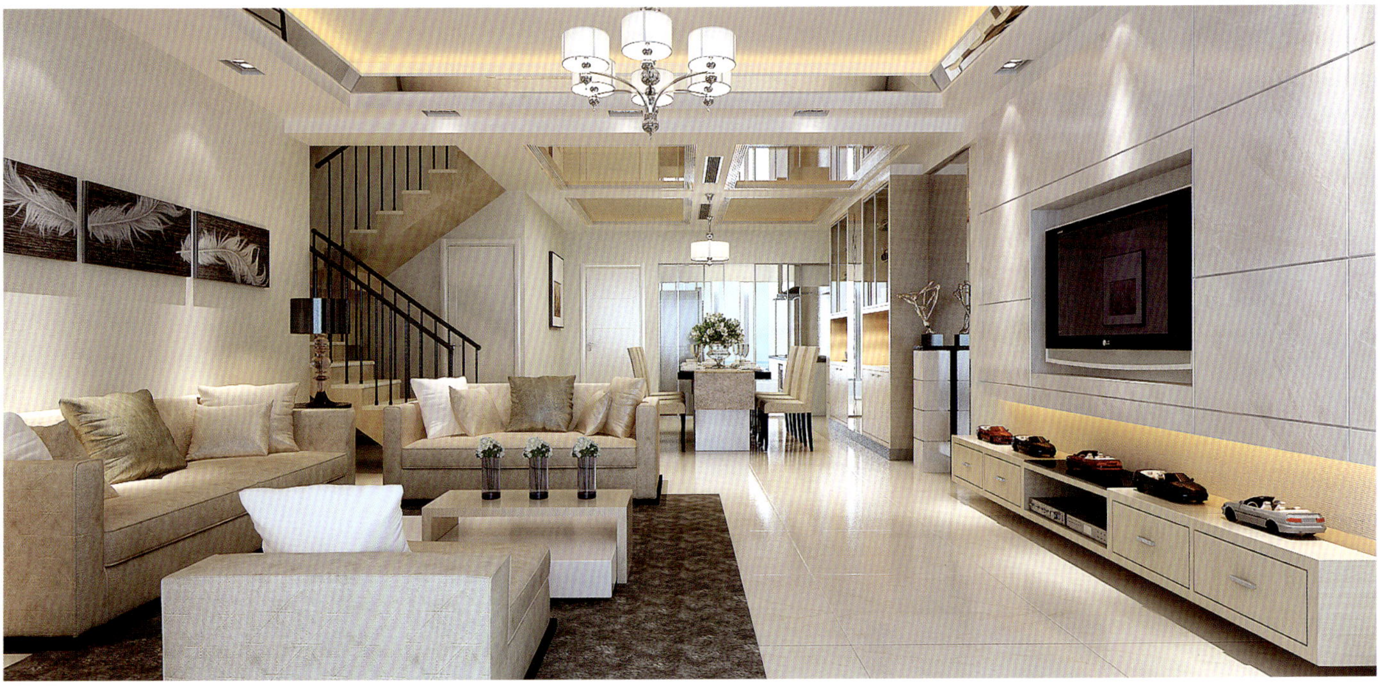

▶ 清新客厅必备绿植

　　来自大自然的魅力是我们永远无法拒绝的，在清新风格的客厅中，植物的点缀是至关重要的，建议选择简朴、美观，但是不要过于繁杂的植物。

　　君子兰的叶色浓绿、叶形宽厚，花朵鲜艳不娇媚，给人以端庄大方的感觉，很适合在客厅的阳台或边几上摆放一盆，彰显主人气质的同时，给客厅增添优雅，生机盎然。

　　苏铁适合面积比较大的客厅，枝叶繁茂，带有光泽，挺拔伟岸，给人以古朴典雅的感觉，且铁树生命力顽强，是一种适宜在客厅生长的植物。

　　吊兰的枝叶形态十分有趣，自上而下垂落下来，可放在边几上或搭配铁艺架挂在墙上，为生活增加情趣，还可以净化室内空气。

　　多肉植物因其肥厚多汁、萌态可掬，成为了众多年轻人的新宠，多肉植物的种类繁多、形状奇异、色彩丰富使其有多种组合方式，选取一个组合放置于茶几上，每每看到这群小植物，都会心生爱意，感受到生活之美好。

设计要点

　　该方案中的壁炉和背景墙都用到了仿古面砖，这是田园风格居室设计中重要的装饰元素。仿古面砖，表面有着粗糙质感，不光亮，不耀眼，朴实无华。施工时要留缝隙，特意显示出接缝处的"泥土"，感受岁月的痕迹。同样，吊顶内的原木装饰是田园风格的最基本元素，也是首选材料。其次，该设计在配色上大胆而鲜艳，黄色、红色、绿色的色彩搭配，可以反映丰沃、富足的大地景象。除了充斥着浓烈的大自然韵味外，田园风格家具的迷人之处还在于细节上的匠心独具，如敦厚简明的边桌，不仅具有实用性，还能是一件出彩的艺术品。

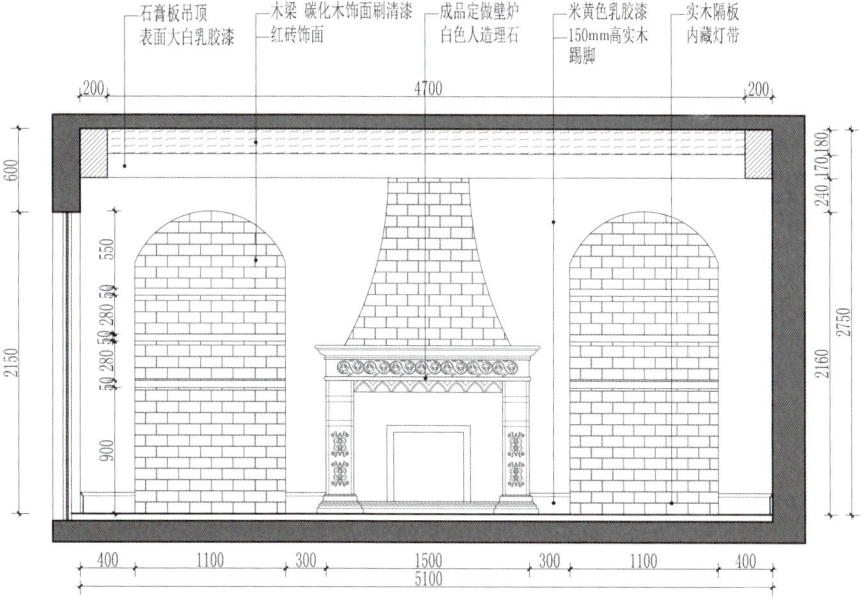

▶ 清新感勿忘留白

　　留白，是一种开放式的设计，耐人寻味的同时，留下了无限的可能。清新感的营造，在使用壁挂、装饰画、字画、壁灯等物件的同时，一定不要过多、过满，那样会使人产生压抑感。恰到好处地选取一到两种进行搭配，点缀了家居空间的同时，让清新感充满活力。

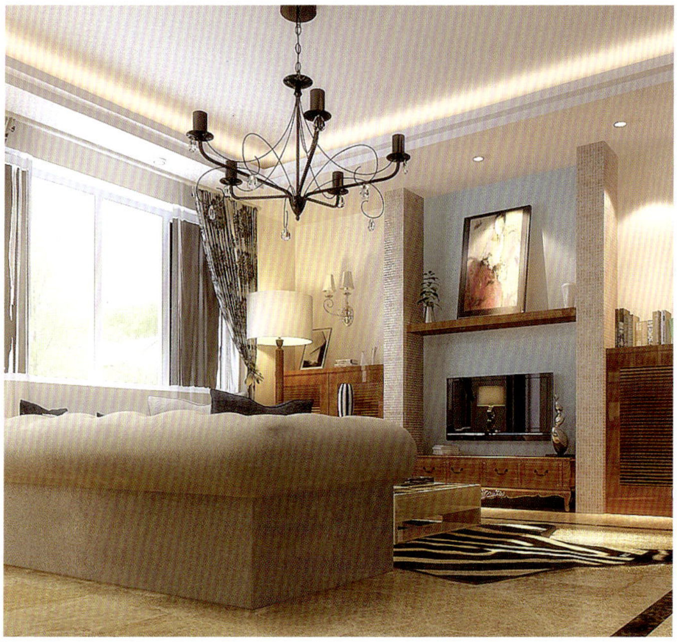

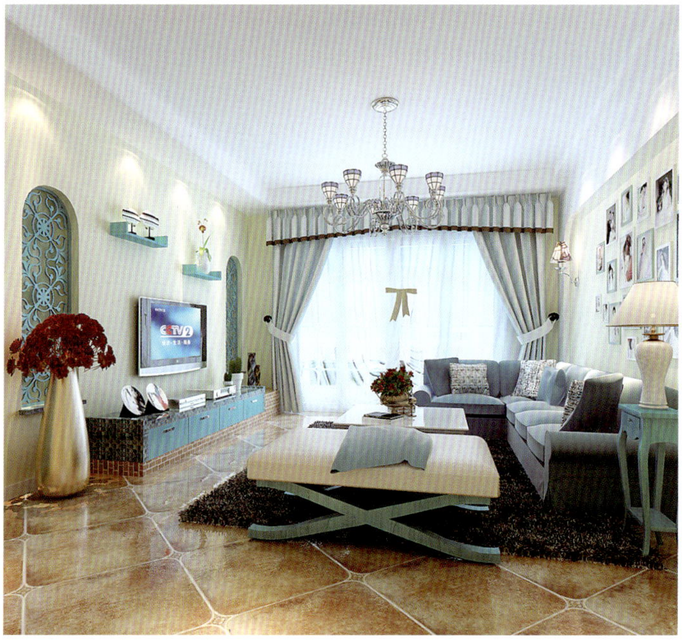

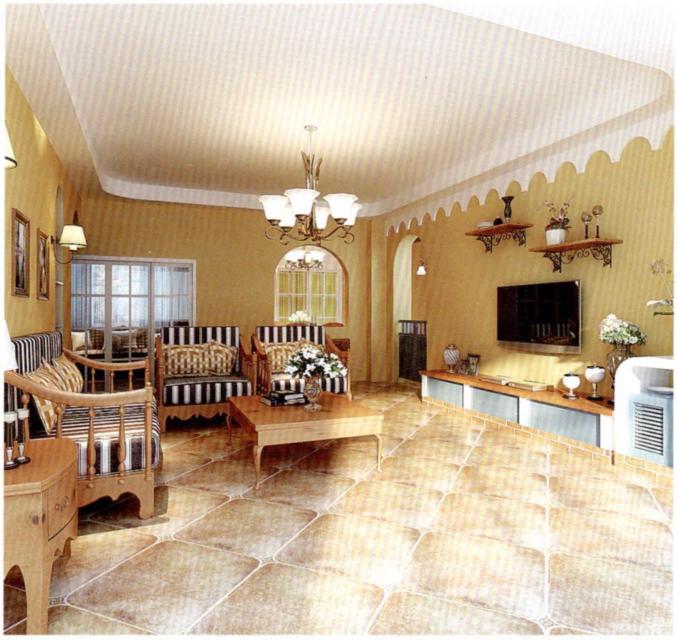

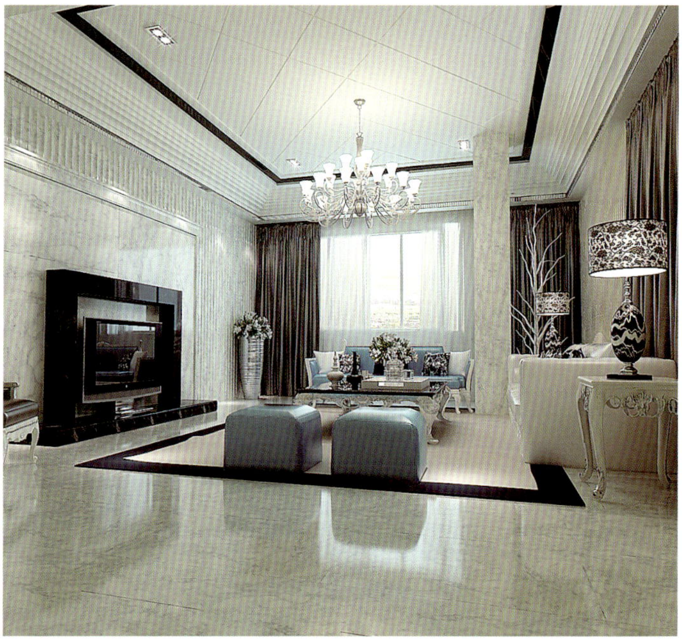

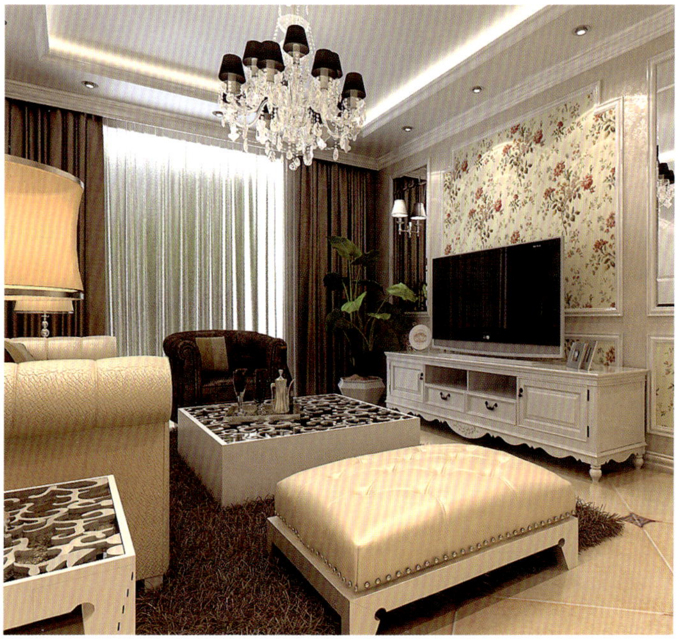

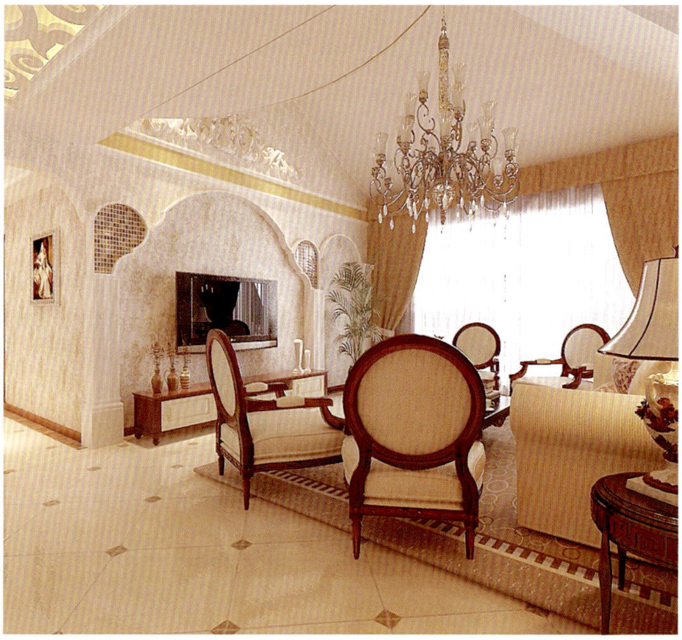

▶ 环保壁纸巧甄别

壁纸的美丽是我们有目共睹的，花纹、花样繁多，几乎可以满足对墙面的所有需求。但是目前，人们最为关心的话题仍然是环保壁纸的选购。从大的材质层面来看，壁纸分为天然材质壁纸和合成化学材料壁纸，品种良莠不齐。那么，怎么来鉴别天然材质的墙纸呢？下面我们来作简单的分析，介绍其中的奥妙。

烧：天然材质壁纸或合成材质壁纸，区分其最简单方的法就是火烧。天然材质壁纸燃烧时无异味和黑烟，燃烧后的灰尘为粉末白灰，而合成材质壁纸燃烧时有异味及黑烟，燃烧后的灰为黑球状。

泡：剪下一块墙纸，泡水。12 小时后，如果壁纸没有出现分层，没有出现褪色，基本可以判断为环保产品。

嗅：选购时，不妨贴近壁纸嗅是否有任何异味，有味的产品可能含有有害物质，可以判断不是环保产品。

看：现国内及国外很多壁纸厂家表层印刷颜料还是以油墨、铅印居多，此类颜料印刷色彩亮、艳，若颜色过分亮丽，有可能为化学成分重金属偏高，不是环保壁纸。

擦：判断其是否耐擦洗，如果铅笔迹能擦掉，一般为纯纸，即环保壁纸。

设计要点

　　这是一间地中海风格的客厅设计，该风格特点是自由、自然、浪漫、休闲。地中海风格的地面多铺仿古地砖，墙面可以用古朴亲切的文化石加以呼应。另外，墙上还可以使用日常生活中收集到的荷叶、海星、贝壳、卵石等装饰品，可以打造一面生活气息十足的艺术背景墙。地中海式的家具要尽量避免奢华感，最好采用低彩度、线条简单且修边浑圆的木质家具。该客厅的锥状天花造型采用粗犷自然的原木结构并漆成白色，使地中海的居室味道更加纯正、浓郁，尤其是彩色乳胶漆的墙面与原木结构是经典的造型搭配。

⊙ 如何用硅藻泥打造出清新淡雅的沙发背景墙

在紧张的都市生活中，清新自然的室内环境可以带给人健康的身体、愉悦的心情。硅藻泥作为墙面涂料新宠，无论从美观程度还是环保健康的方面都表现出让人难以抗拒的魅力。硅藻泥墙面的优良特性保证了家居设计的品质，同时可以带给家人来自大自然的舒适。

硅藻泥色彩柔和，有较强的吸光性，繁盛的光线也自然柔和，所以大面积使用硅藻泥，是很好的背景墙设计方案。搭配一些田园风格的墙饰，如铁艺制品、帷幔设计，都可以让居室清新淡雅。

目前市场上已经出现了样式繁多的硅藻泥花纹，有抽象的线条组合，有活泼可爱的卡通人物、花朵、天空等图案，也有风车、诗句、梅竹等优雅的样式，总之在市面上有十分丰富的选择，选择的时候只要根据自己家的居室风格和喜好选择即可。呼吸清新的空气，享受淡雅的环境。

设计要点

　　此背景墙采用简欧的风格,浅色壁纸搭配金属边框的墙画,凸显室内高贵淡雅的风格。大理石地面能够衬托室内装饰富丽堂皇的气派,还能给人以洁净雅致、稳重大方的感受。该客厅的爵士白大理石地面属于高级装修,所以必须有图案及排块设计,要求更高的还要结合墙面、顶棚做法以及与该室的功能相适应。该客厅地面与空间整体氛围与色调和谐统一,体现了高级大理石的艺术效果。

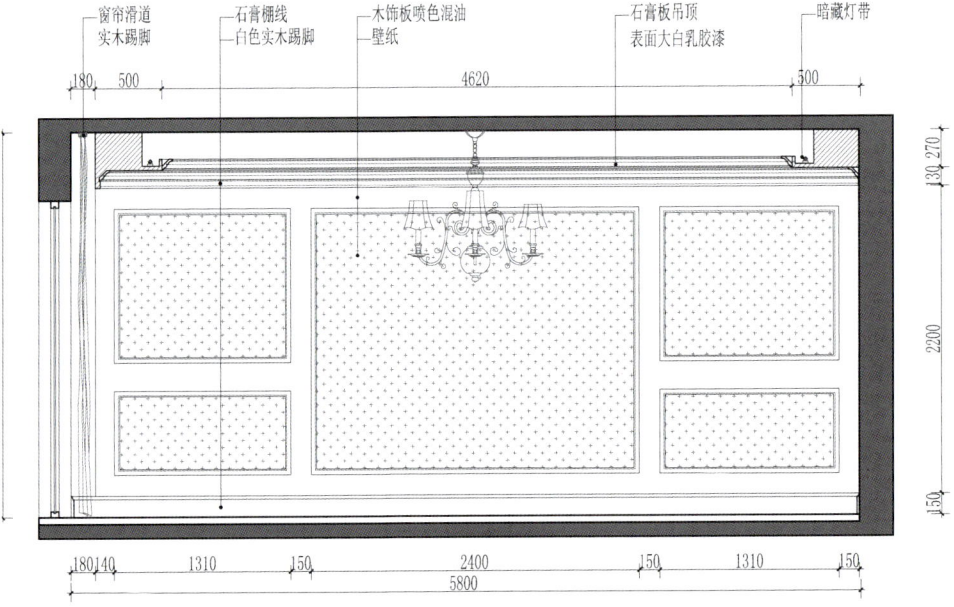

设计要点

　　这间欧式客厅的背景墙和门主要采用了混油工艺做法。混油装饰以其丰富活泼的色彩及良好的视觉效果而深受喜爱，而且在买家具的时候，能够随意搭配不同风格的家具产生不同的效果。常用做法是以大芯板衬底，表面贴一层进口或国产的三合板，在三合板面上打磨、批原子灰和腻子，然后上油漆。一般油漆刷2至3遍，最后喷2至3遍面漆，或直接喷3至5遍面漆也可。较高的工艺做法有磨退或擦漆等，这种做法花费人工较多，但做完成品从手感和光感上更好一些。做混油的木制品材料多用松木或椴木等，门套线有的还采用中密度板，主要是考虑到其变形率小一些，木制品的内部隔板也需用松木或椴木实木收口。

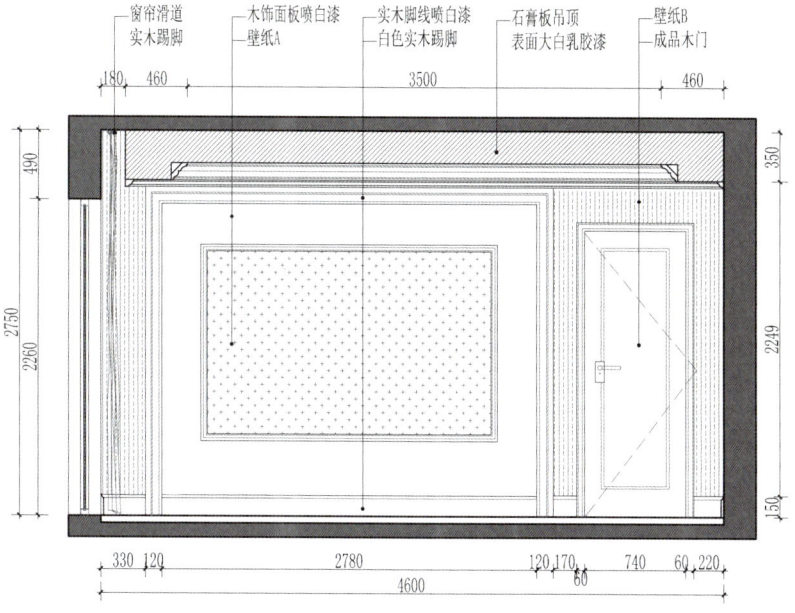

▶ 沙发背景墙的灯光设计

沙发背景墙的灯光设计与电视背景墙的设计原则基本差不多。在光源选择、布置手法等方面略有不同。例如，沙发背景墙的光尽量不要直接照在沙发区域上方，这样会使坐在沙发上的人感觉不舒服。因此，可以多选择间接光源。软管霓虹灯带、TC 灯带等都属于线光源，采用了间接、反射照明，功能上属于辅助光，可以运用在沙发背景墙的上部（如天棚的灯槽，作为天棚与电视墙的衔接），也可以用在沙发背景墙的下方（如背景墙搁板下），另外还可以分布在沙发背景墙的中部（如壁龛、造型等）。不论灯光怎么运用，只要得当，就可以达到丰富空间层次、营造室内氛围之目的。

近年来，智能 LED 灯光系统也逐渐走入家庭，运用于沙发背景墙面设计中，可随心调节光环境。例如在大面积白墙上，做出如月球表面般的浅坑，并内置若干盏 LED 灯，手法简单，却能调节出宛如星空般的室内装饰效果。

如果客厅光线不是太好，建议采用亮色调的烤漆玻璃或者烤漆板作为沙发背景墙的饰面材料，配合柔和的灯光渲染，不仅有增强采光的作用，看上去还极具现代气息。

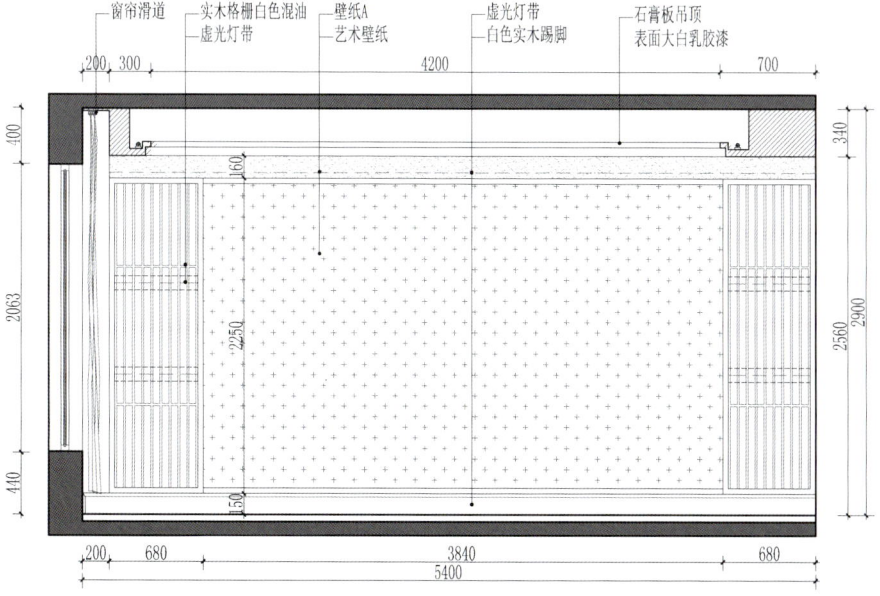

设计要点

　　该客厅的装修设计是现代简约风格。吊顶为现代感较强的几何形式，并做成暗藏灯带，烘托出整体的高度，避免了感觉上过于压抑。背景墙采用壁纸与展示柜相结合的设计，与空间的整体简洁风格相适应。在家具配置上，选用白色系列家具，具有独特的时尚光泽，现代感强，会使人备感舒适与美观。现代简约风格非常讲究造型设计、材料运用和室内空间的美学法则。一般室内墙、地面及顶棚和家具陈设，乃至灯具器皿等均以简洁的造型、纯洁的质地、精细的工艺为主要特征，尽可能不用装饰和取消多余的东西。

窗帘滑道　实木格栅白色混油　壁纸A　　虚光灯带　石膏板吊顶
虚光灯带　　艺术壁纸　白色实木踢脚　表面大白乳胶漆

200　300　　　　　　　4200　　　　　　　700
400
160
2063　2250
440
150
340
2900　2560
200　680　　　　3840　　　　680
5400

设计要点

　　本案中的背景墙，设计了连续的拱洞来体现空间的开放性和功能的多元化，在点滴间渗透自由不羁的精神内涵；以暖色乳胶漆的应用来体现渴望自然、亲近自然、感受自然的生活态度；在家具配置上，则大量采用宽松、舒适、柔软的家具来体现休闲舒适。值得注意的是，自然风格墙面边角线的侧切面一般为圆形，简洁圆润，与多花纹和复杂线条的欧式风格不同。对边角倒圆施工的具体要求是：倒圆规格一般应控制在半径1~3cm，并应根据墙厚进行灵活调节。

设计要点

这是一间混搭设计风格的客厅。沙发背景墙用中式花格满拼装饰,与之呼应的是对面的中式电视柜和花架。而在天花装饰上,则采用了石膏线条做成欧式层级吊顶。"中西合璧"的混搭让整体居室空间充满创意与个性,每一处都充满着出人意料的独特和惊喜,然而虽然两类风格元素都很鲜明跳跃,但整体是和谐而舒适的。混搭设计风格在室内造型上通常安排以某一种风格为主要母题,而其他风格的造型要素在不同性质的空间零星或反复出现。围绕这个母题进行混搭,也就是说要有主有次、有轻有重。常常用到的混搭造型元素有如下几种:中式造型元素包括月亮门、垂花门、镂空雕花窗或隔断等;欧式造型元素包括欧式壁炉、拱门、罗马柱、多层次吊顶等。

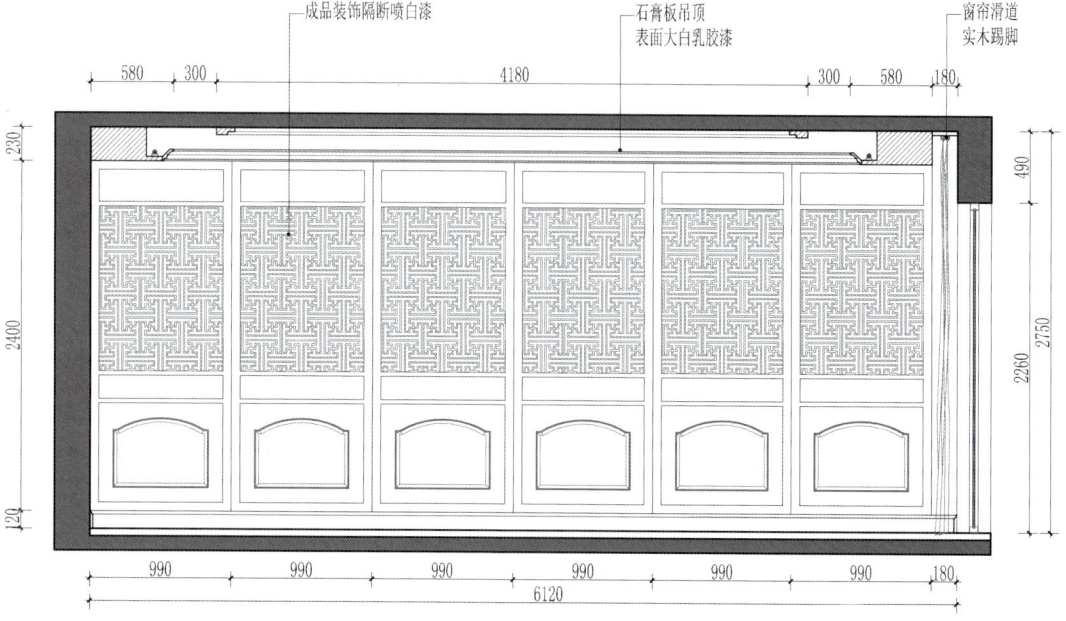

成品装饰隔断喷白漆　　　石膏板吊顶 表面大白乳胶漆　　　窗帘滑道 实木踢脚

580　300　　　4180　　　300　580　180

230　2400　120　　　490　2750　2260

990　990　990　990　990　990　180

6120

▶ 从地中海吹来的异域清新风

　　地中海风格旨在打造一种极休闲的生活环境，地中海风格的空间布置形式不拘一格、颜色大胆明快，其精髓在于捕捉光线，取材天然，让家居空间温暖自然。

　　地中海风格的蓝色与白色让家居空间弥漫着悠闲的味道，好似薄纱般轻柔，让人感受着自由自在，仿佛置身于地中海的碧海蓝天之中，让心灵宁静、安详。

　　从碧海、蓝天、洁白的沙滩获得的灵感，运用于家居设计，将纯净的白与幽静的蓝结合一起，可以是天花、地面、背景墙，抑或是沙发背景墙、电视背景墙、餐厅背景墙，洒进耀眼的阳光，清爽得好似天堂一般。

　　地中海风格的点睛之笔在于背景墙的设计，可以是当下流行的照片墙设计，可以是视觉系的手绘墙设计，也可以是收纳型的墙柜设计，总之，让自己感受到舒适才是地中海风格的最佳形式。

设计要点

　　客厅墙面整体采用暖色壁纸铺底，局部进行造型装饰。电视背景墙分为前后两个层次，底层从地板到天花采用爵士白大理石垫底，上层突出部分以壁炉的形式将电视嵌入其中，另外它还具有装饰摆台的作用。沙发背景墙采用矩形阵列的方式进行壁布硬包的装饰处理。硬包，是壁布包木工板或九厘板贴在基层上的装修工艺，但是要注意表面应平整、洁净、无凹凸不平及皱褶，包边应注意平整、顺直、接缝吻合。天花悬挂吊灯处用石膏板雕花进行局部装饰，更加突出了空间的欧式氛围。

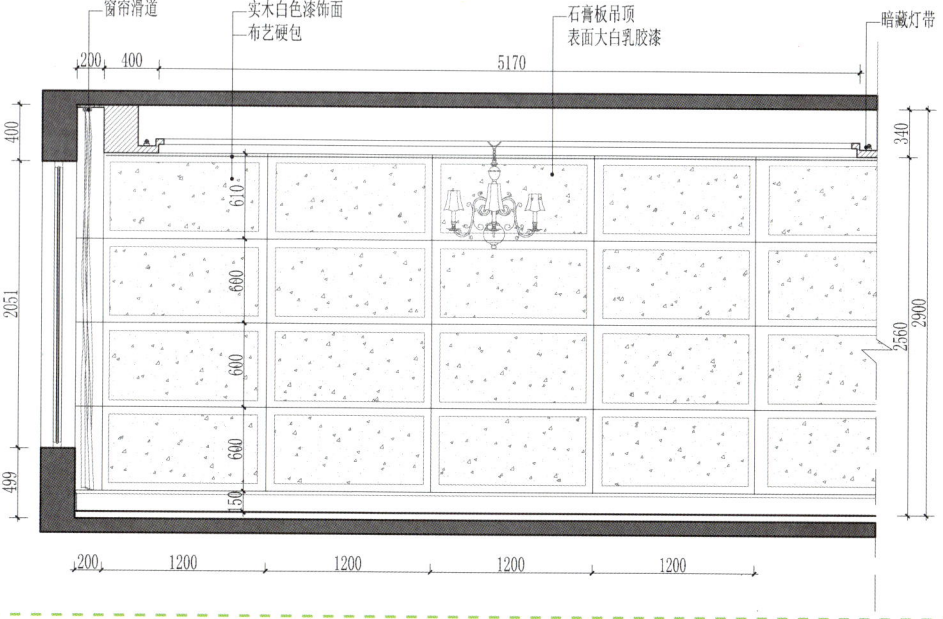

▶ 如何确定餐厅背景墙的颜色

　　采用不同色彩装饰的餐厅背景墙所展现的空间气质是不同的，例如，黑白灰的中性色系所展现的是静谧、严谨又不失时尚的气质，黑白灰是永恒的经典色，简洁、现代；浅黄色、浅棕色等明度较高的色系，可以传达出清新、自然的气息，与大自然相近的颜色，可以带给人放松的情绪；水果色往往给人香甜清新的感受，如苹果绿、樱桃红、蜜桃粉等，带来活力四射的感觉，同时让餐厅空间变得美不胜收；纯度高的色彩则可以营造出热烈、激情的就餐氛围，艳丽丰富的色彩组合让人情绪高涨，如玫瑰红、橙色、海蓝色等。当然，餐厅背景墙的颜色选择要注重视觉感觉，很多颜色看似好看，但是未必适合大面积使用或者组合起来。同时，餐厅背景墙的颜色选择还要考虑空间的天花、地面、光线、家具、装修风格等因素，色彩的和谐才能装饰出理想的就餐空间。

设计要点

餐厅背景墙采用黑色与深咖色相间的马赛克组成"E"图案,进行组合排列,并将抽象油画装饰其中,体现出浓厚的新古典气息。马赛克背景墙深浅相间的有序组合,图案相对简约。镜子具有延伸空间的视觉效果,因为餐厅空间一般不太宽敞,因此常选用镜面作为装饰餐厅墙面的元素,镜面作为外框,与马赛克的交接处用白色木框架巧妙地融合在一起,砖墙上悬挂色彩艳丽的油画作点缀,怀旧色系的马赛克图案与时尚艺术的镜面产生了鲜明的对比,营造出一份简欧风格的雅致与华美。

设计要点

　　该餐厅以天然材料的应用来体现渴望自然、亲近自然、感受自然的生活态度；在用色方面，采用象征沙滩的暖黄色为主基色，通过自然光线的烘托渲染来表达轻松浪漫的居室情调。而在家具配置上，则大量采用宽松、舒适、柔软的蓝灰色家具来体现地中海式的休闲舒适体验。另外，家中的墙面处（只要不是承重墙），均可运用半穿凿或者全穿凿的方式来塑造室内的景中窗，打造别致情趣。该餐厅背景墙造型设计了连续的拱形，来体现空间的开放性和功能的多元化，在点滴间渗透地中海地区自由不羁的精神内涵。

米黄色乳胶漆
仿古砖脚线

实木隔板刷清漆
成品定做白色烤漆柜门

实木展架喷棕色漆

石膏板吊顶
表面大白乳胶漆

▶ 田园风格的餐厅背景墙

　　"采菊东篱下，悠然见南山"是陶渊明挚爱的田园舒适的生活。回归自然亦是现代城市人的一种怡然的追求，将田园"搬"入家中，"现"于餐厅背景墙上，让主人品味美食，酝酿恬静的心绪。

　　自然色的打造让田园背景墙变得容易简单，青草绿和大地色搭配是清新的组合，让人感觉温暖、有朝气；米白色与藕荷色搭配温婉迷人，舒适且宛如清香扑鼻；大面积使用墨绿色在餐厅背景墙，不仅有参天大树的力量感，还为空间添加了十足的个性与时尚感；淡蓝色是天空的颜色，冷色调有延伸空间感的作用，并且为就餐空间增添了迷人温馨的感觉。

　　田园玻璃灯、实木风扇吊灯、皮质相框、藤制壁饰等都是田园风格的最佳搭配。

设计要点

　　当餐厅与厨房融合为一个空间时，由于空间的面积限制，餐厅的主墙面设计可以尽量采用简单大方的造型和便于更换的材质。餐厅的墙面与橱柜保持一致，采用木框刷白漆，内部铺设欧式花纹壁纸，体现整体风格的统一和局部的变化。铺贴壁纸通常用墙纸粉或其他专用贴纸胶水，在墙纸的背面涂上胶液，涂好后将涂胶面对折放置5分钟，使胶液完全渗透到墙纸底部即可张贴。

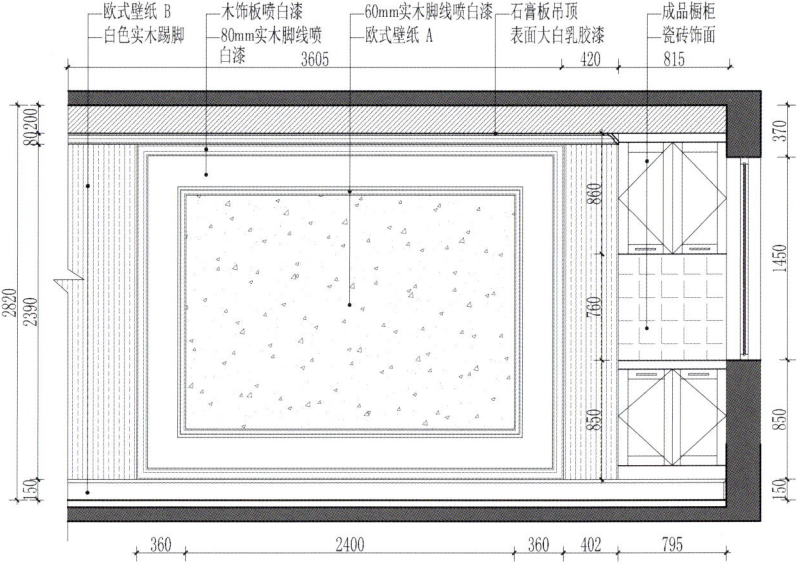

设计要点

充满田园感的餐厅设计是热爱自然的业主的首选。本案的餐厅背景墙设计十分巧妙，沿墙设计出的座位区，材质与餐桌餐椅相同，这不仅节省了空间，而且还有储物功能，非常实用。上方的复古画组合紧扣设计主题，让美式田园的感觉发挥到极致。一旁的马赛克阶梯式设计，增加了空间的趣味性。

设计要点

该餐厅背景墙采用重复性条状大理石与银镜的搭配方式，营造出浓厚的新古典气氛。大理石墙面的施工要点有以下四点：1、待基层完成六至七成干时，即可按图纸要求进行分格弹线，同时进行面层贴标准点的工作，控制好垂直、平整。2、大理石分色排：根据大样图及墙面尺寸进行横竖排砖，以保证大理石缝隙均匀，大理石规格、尺寸、颜色、品种、强度必须符合设计要求，并进行挑选、预排、拼花、编号，符合设计要求。3、粘贴大理石：在同一分段或分块内的大理石，均为自下向上粘贴，从最下一层大理石下口的位置做好靠尺，以此托住第一批大理石，在大理石外皮上口拉水平通线作为粘贴的标准。4、为粘贴牢固，粘贴大理石要使用大理石专用黏合剂，粘贴层厚度约为 25mm。

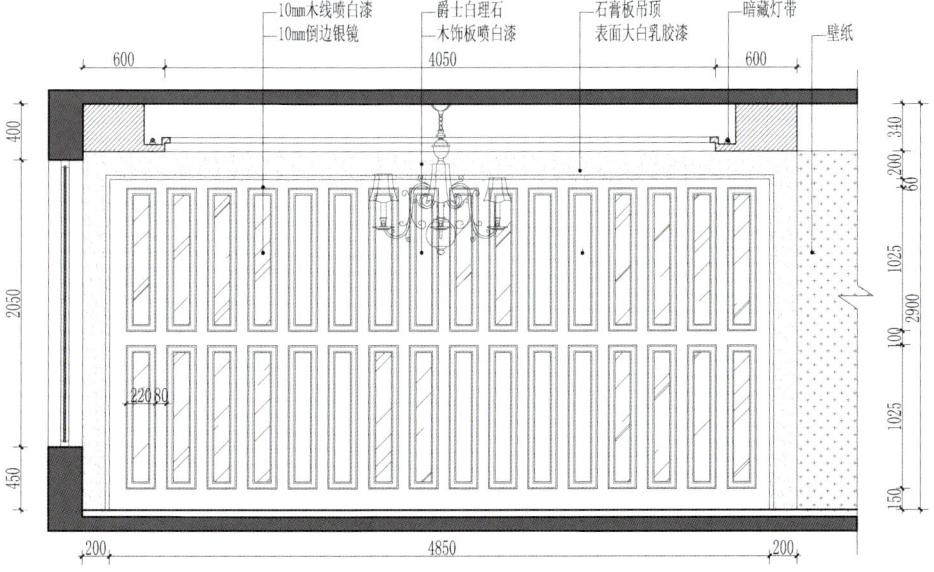

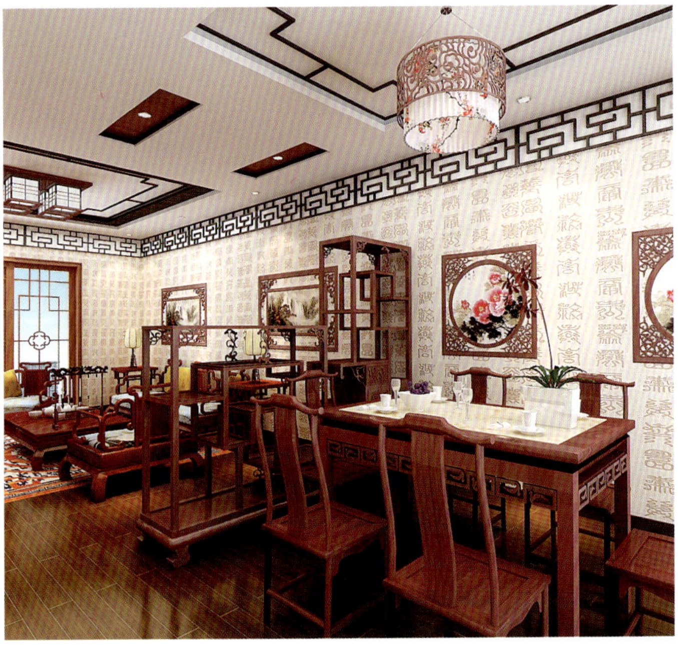

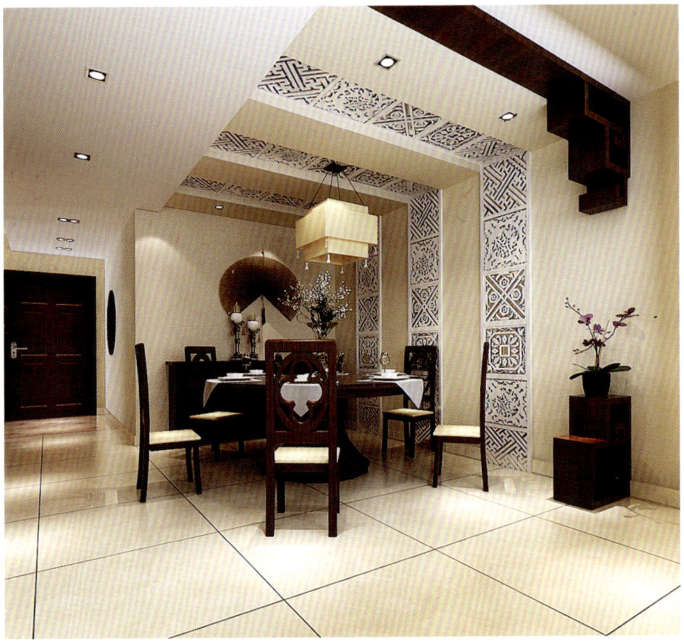

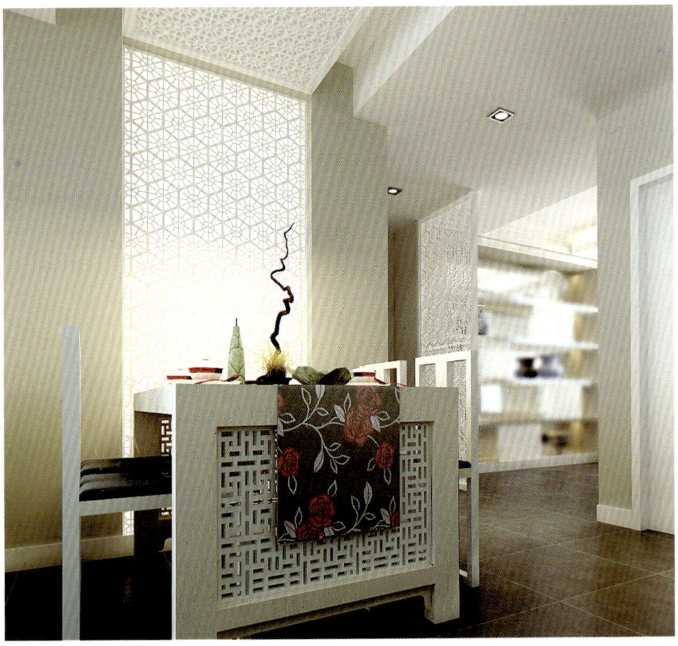

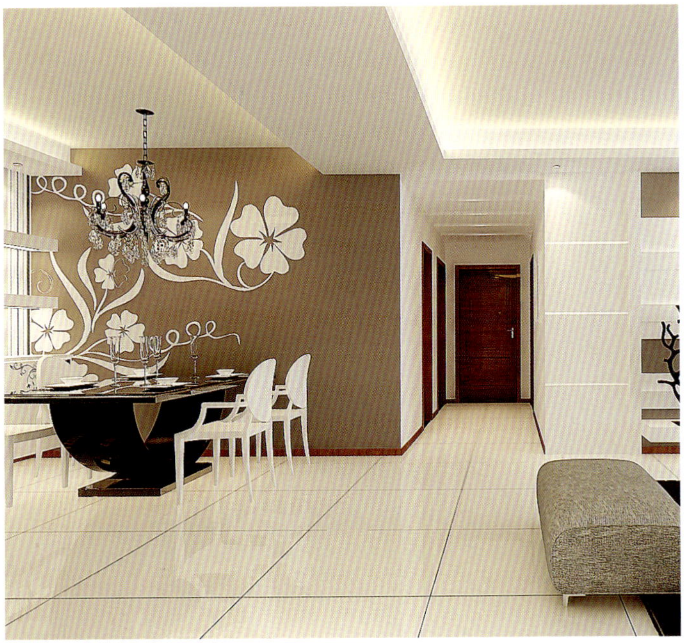

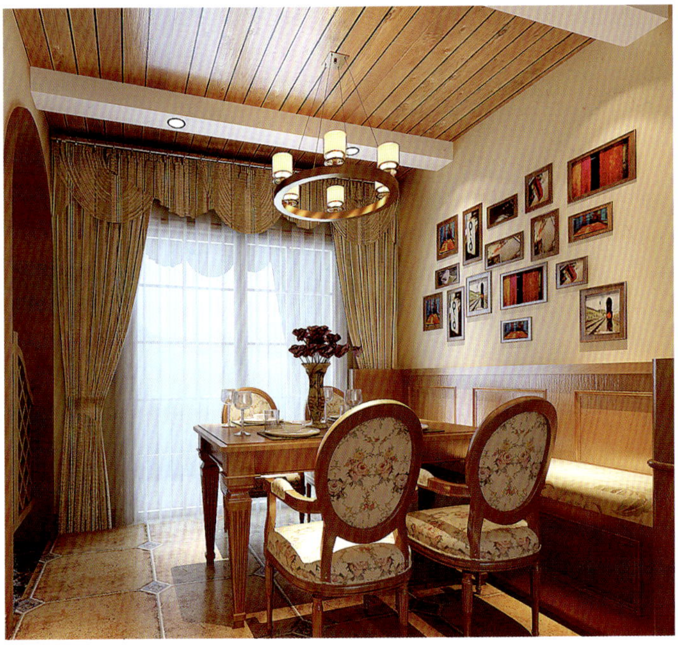

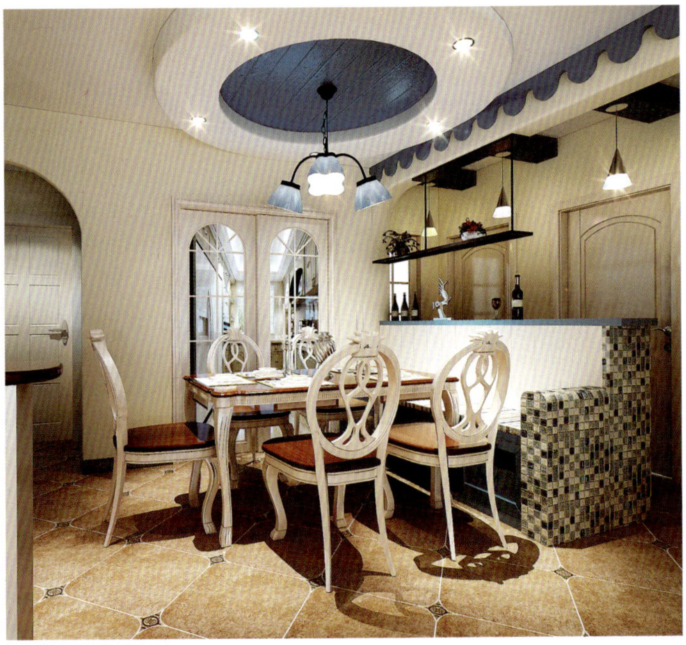

▶ 新婚卧室背景墙设计支招

　　卧室的陈设很简单，一张床、一个衣柜、两个床头柜即可，新婚的卧室也不例外，但是背景墙的打造就要别出心裁，温馨浪漫一定是新婚卧室背景墙设计的主题，甜蜜的颜色、新鲜的造型、有纪念意义的小物件等，都是打造一面光彩夺目的背景墙的元素。

　　很多新婚夫妇都会将喜爱的婚纱照悬挂墙上或摆放在床头，瞬间让房间变得精彩时尚，即使搭配单纯的白墙，也不显单调，如若有烂漫的碎花壁纸，又或许是可爱的小壁灯，都会让空间更加唯美舒适。

　　在色彩的搭配上，过于喧闹的颜色虽然夺目，但是不利于入眠。红色是中国传统中代表喜庆的颜色，但是大面积使用会让人感觉躁动不安，所以局部点缀红色是新婚卧室设计的最佳选择。如选择淡粉色的墙漆涂料，搭配红色或橙色的纱制帷幔，飘逸浪漫，优雅清新。

设计要点

　　这间美式家居的卧室布置较为温馨，作为主人的私密空间，主要以功能性和实用舒适为考虑的重点，不设顶灯，用温馨柔软的成套布艺来装点。实木家具的选择是该方案美式风格营造的重点。美式家具较意大利和法式家具来说，风格要粗犷并往往采取做旧处理的工艺，即在油漆几遍后，用锐器在家具表面上形成坑坑点点后再在上面进行涂饰。美式家具材料多选用几十年甚至上百年方可成材的珍贵木材，如桃花木、樱桃木、枫木和松木等。大多数消费者都是先装修，后买家具，而对于美式居室装修来说，最好先定家具，然后再根据家具特点来制定设计方案，这样才能使家具和居室的整体环境和谐统一。

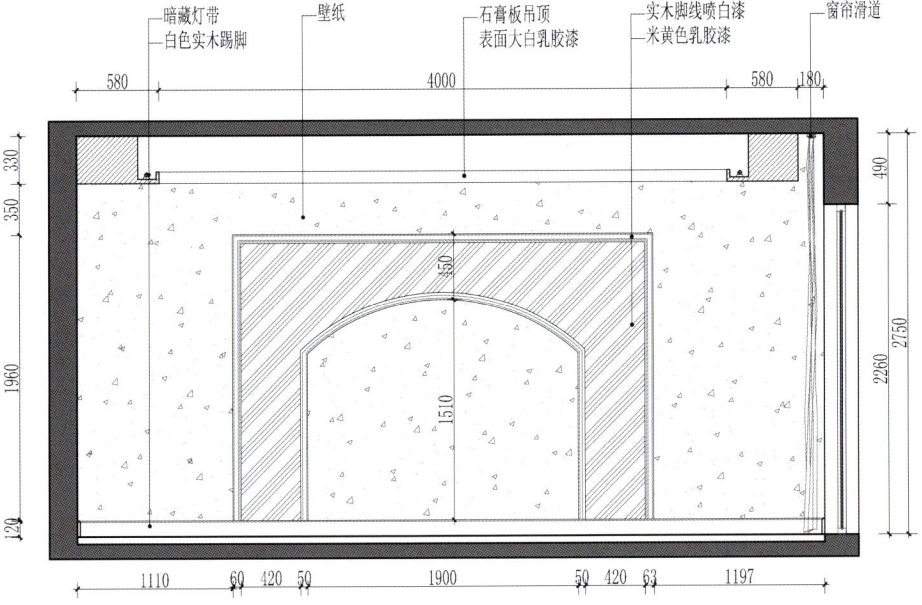

设计要点

　　这是一个将坡屋顶改造并利用非常好的田园风格卧室。坡屋顶房间的装修很多人认为比较棘手，其实设计好的话，会让整个房间显得更加自然轻松。该案例首先将屋顶周边用石膏板做围边造型（可以隐藏难看的横梁或者管线等），然后将坡屋顶整体用石膏板、细木工板做基础造型，用木条进行面层装饰，结合灯光效果，打造出特别的金字塔造型。这种方法，由于造型别致、提升房间空间感，现在非常多见。如果是儿童房，比较常见的是在坡屋顶铺贴壁纸，比如蓝天白云的，有时候还有荧光壁纸，贴在卧室的屋顶，晚上会有特殊的效果，增添浪漫的色彩。

▶ 助眠的清新颜色

蓝与白是天空与白云的色彩，蓝色给人以宁静祥和，而白色则削弱了沉闷之感，带给人宁静的感觉。将蓝与白运用于卧室中，是绝佳的助眠色。

低明度灰调带给人慵懒与放松，与淡淡的粉色搭配，柔和完美，搭配暖色光泽的日光灯，更为居室增添温暖和温馨。

橘色是活泼的光辉色彩，是暖色系中最暖人的颜色，让人联想到秋日的夕阳、丰硕的果实，虽然橘色欢快活泼，但是在色彩学中，将深浅不一的橘色重叠能够有效改善人的心绪，让人容易精神放松、平静。

深棕或是深褐色，是接近大地的颜色，给人以厚实、温暖的感觉。将深色调大面积运用于卧室中，要点缀些低明度的跳跃色，如绿色或者紫色，不失禅意的同时，舒缓深色系的沉闷感。

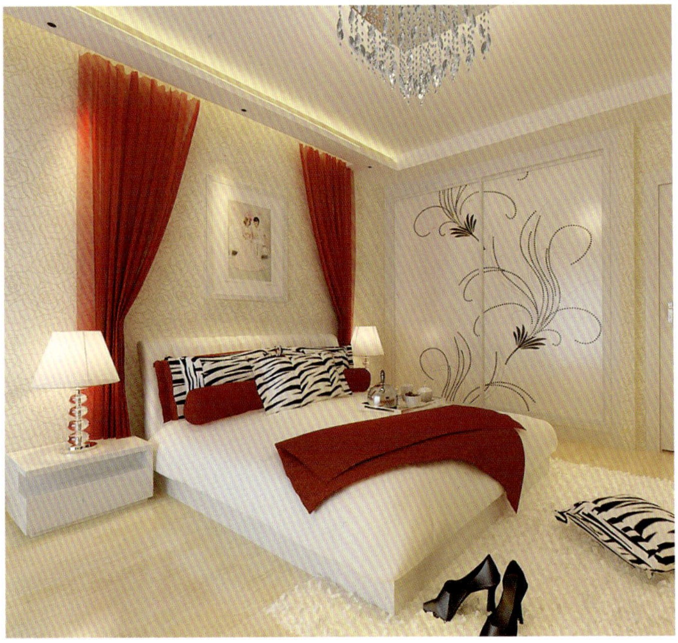

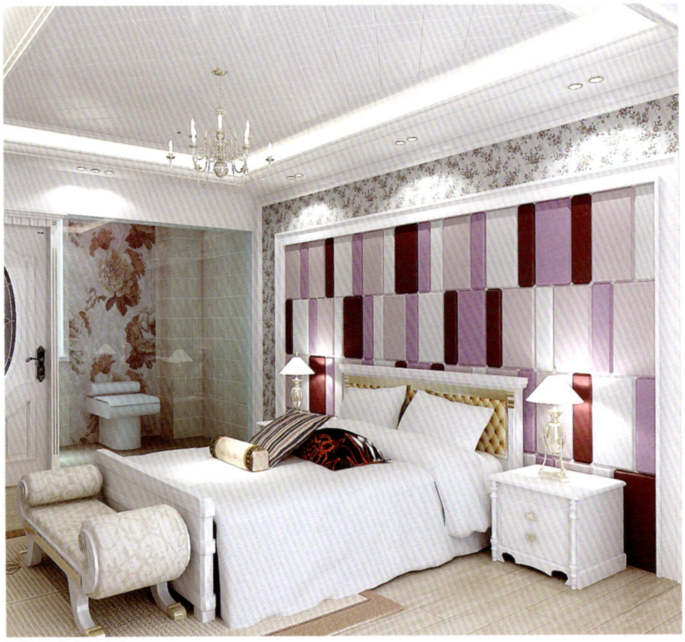

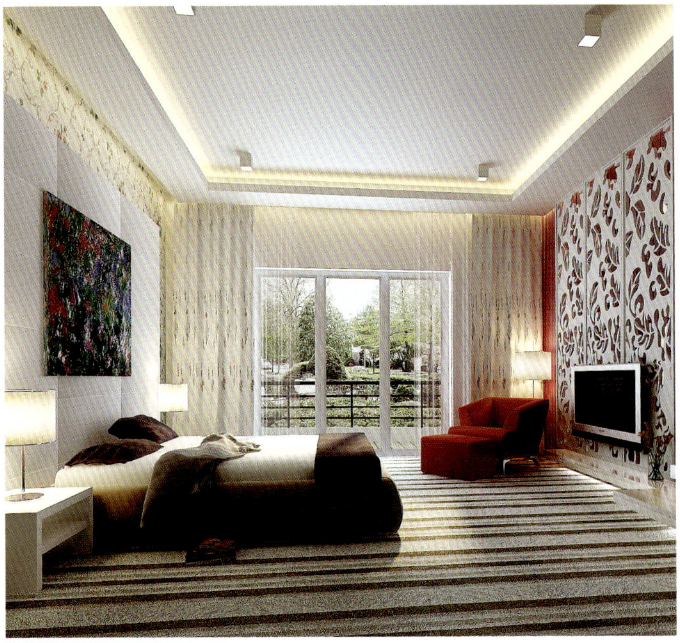

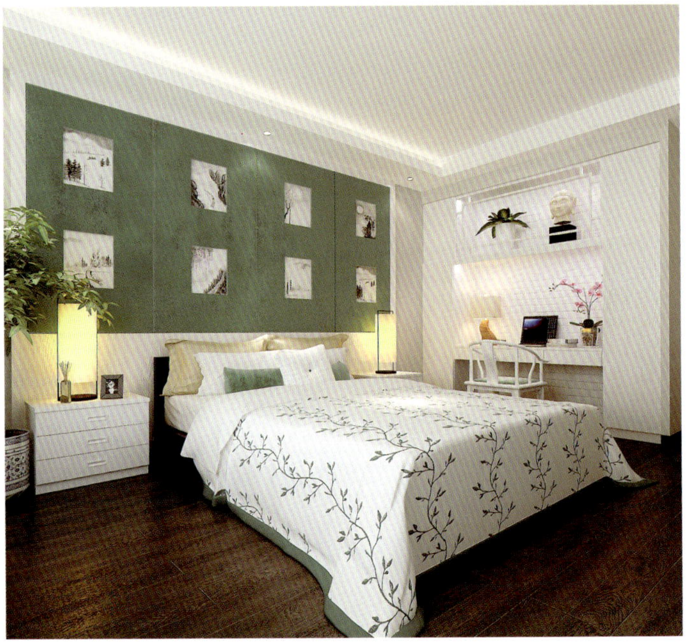

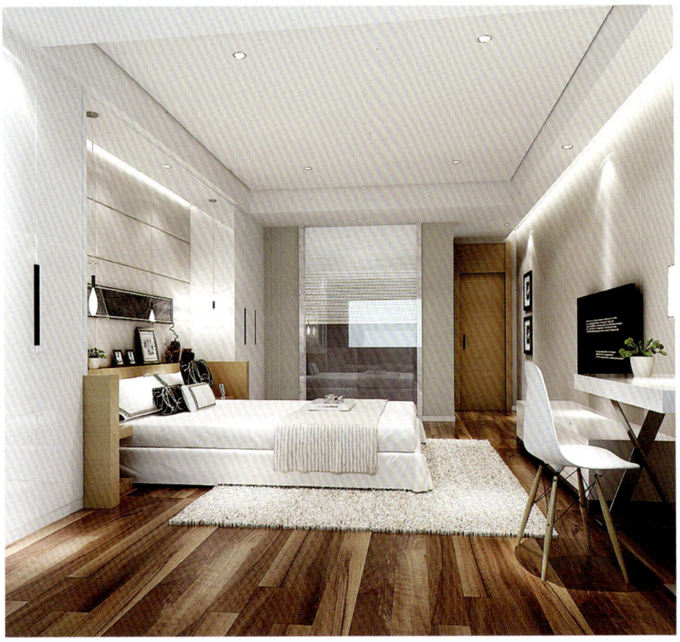

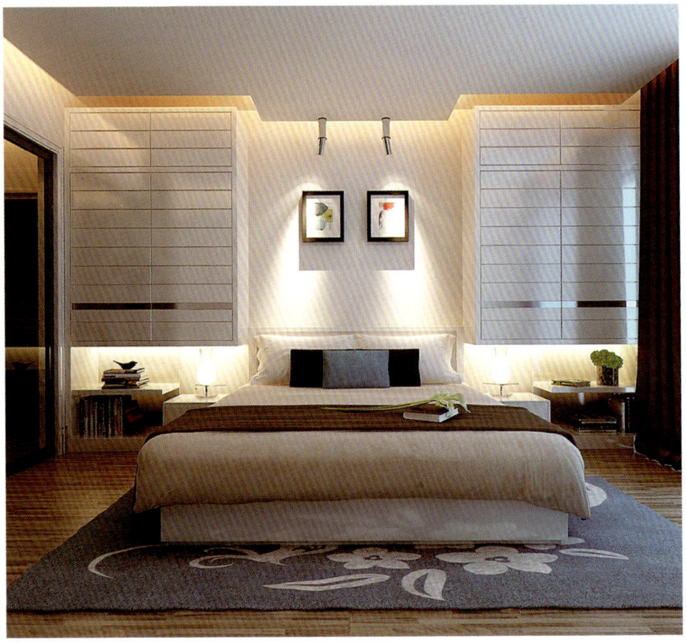

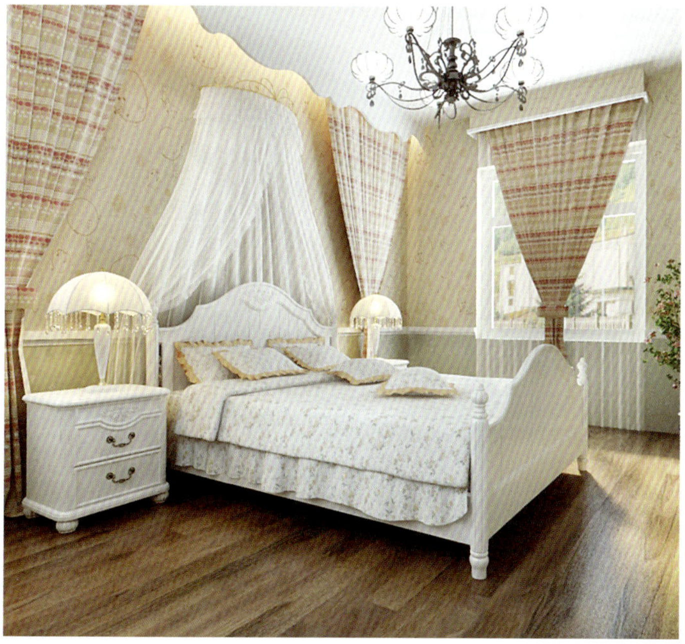

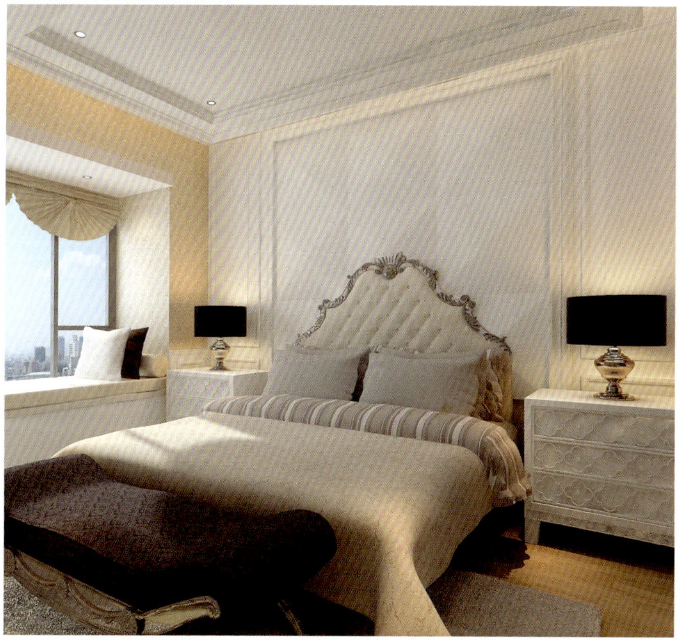

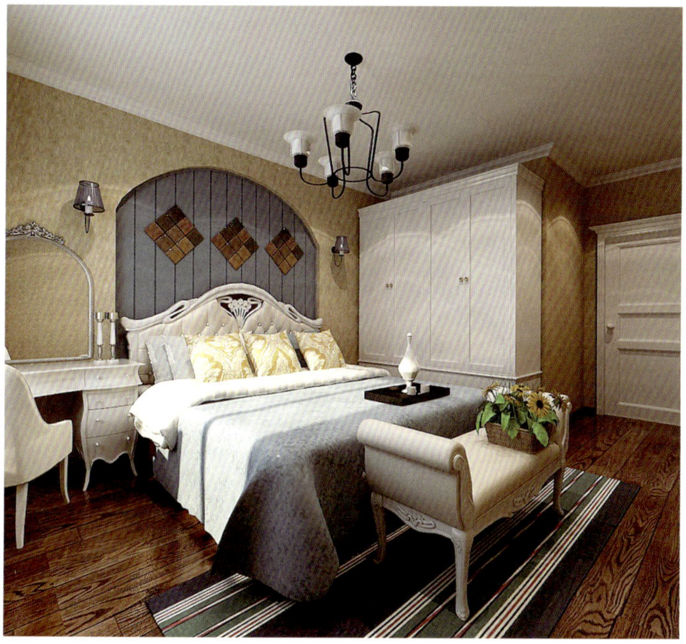

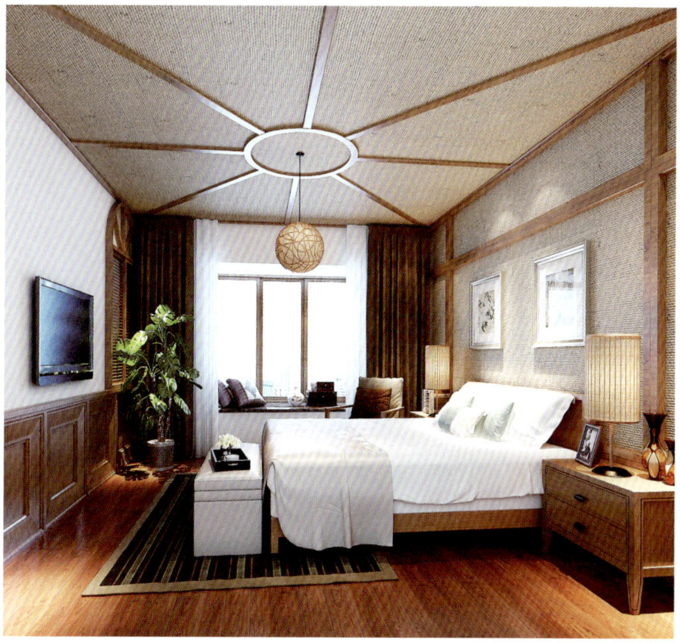

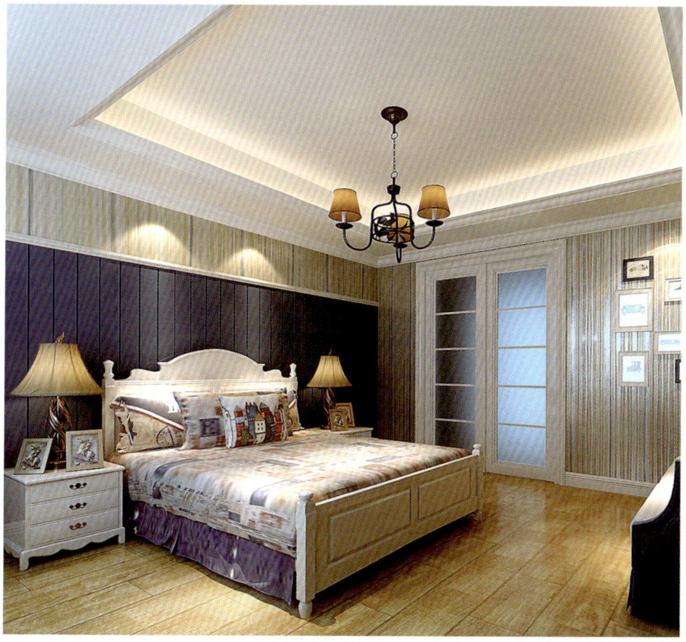

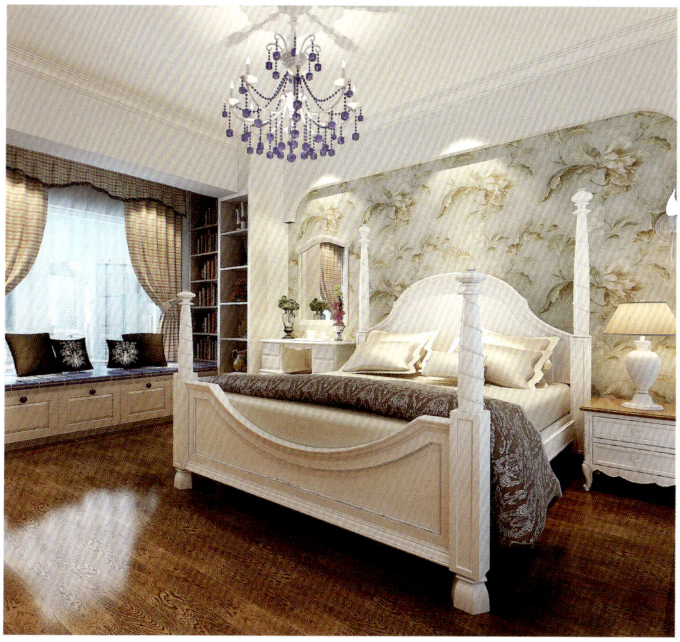

设计要点

　　床头背景墙采用竖线条暖色皮革软包，突出了奢华感，并用造型大理石包边框。软包施工时，面和天棚应该已基本完成，并保证墙面和细木装修底板做完。具体工艺流程包括：基层或底板处理—吊直、套方、找规矩、弹线—计算用料、截面料、粘贴面料—安装贴脸或装饰边线、刷镶边油漆—修整软包墙面。该房间的天花造型保持了与床头背景墙的协调，石膏板分缝做成条带状，并采用石膏线条收边。墙面采用大马士革图案的暖色壁纸更烘托了卧室的舒适感和温馨感。

原土建窗　米黄壁纸　实木收边喷白漆　实木收边喷白漆　石膏板吊顶
米黄石材窗台板　实木脚线　皮革软包　实木喷白漆　表面大白乳胶漆

200　400　　　　　3560　　　　　400

130

2725

280

2475

200 120 280 100　　　2400　　　100 280 120　　1200

2115

120

1020　450　　　　　　4800

▶ 打造一面收纳式背景墙

当下，组合式的收纳架在小户型中十分流行，某种程度上几乎取代了柜式的收纳方式，这种墙面的设计，不仅有收纳的功能，同时也兼备着展示的效果。

凹凸有致的开放式组合柜是有效提高房间空间利用率的首选，不仅有大容量的柜式收纳功能，还可以将相框、旅行纪念品等小物件摆放其中，十分温馨。当然了，最好选购大品牌的组合柜，不仅可以有专业设计师量身定制专属的款式，而且在板材的环保方面也可以放心。

搁架可谓是经济实用的收纳方式，无论是设计期还是入住许久的房屋，都可以购置一个或几个搁架，杂物整齐归置，同时方便取用，随心所欲地选购，颜色和样式可根据自己需要变换搭配，花费甚少，却可收获新意和美观。

设计要点

该卧室样板间为新古典设计风格。在造型方面的主要特点是：优美曲线、色彩柔和艳丽、崇尚华丽等。房间顶部用石膏板做灯池造型，并用华丽的枝形水晶吊灯营造浓厚的华丽气氛。另外，新古典风格的气氛营造，在很大程度上会受到色彩的影响。该房间设计采用了浅色调为底的墙纸、软包等装饰材料，搭配香槟色家具，达到雍容华贵的效果；并在灯具、床品等处少量糅合金色、暗红色，使居室色彩看起来明亮、大方，使整个空间呈现开放、宽容的非凡气度。

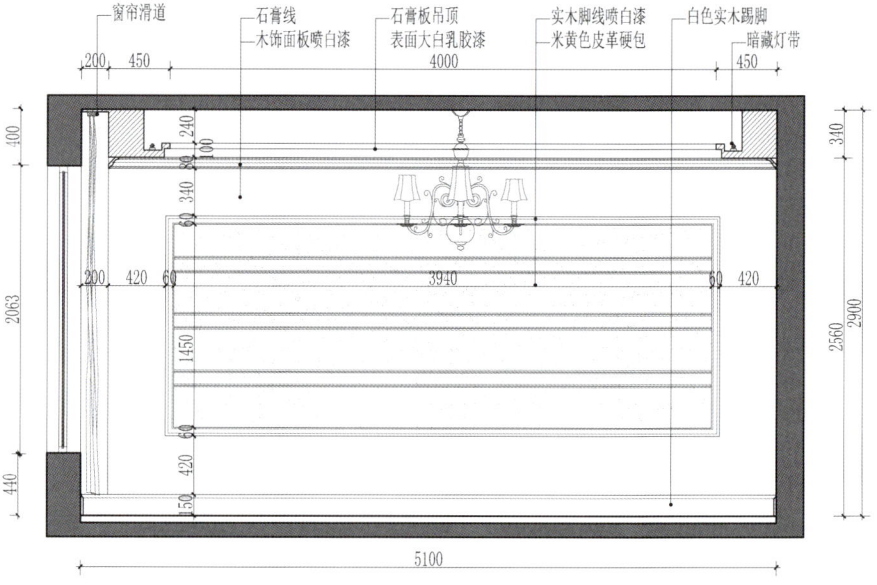

设计要点

　　该卧室样板间采用欧式风格，无论墙面的背景造型，还是传统花纹图案的壁纸都很好地体现了欧式装修风格的奢华与舒适，尤其是暗藏灯带的吊顶造型搭配水晶吊灯更是经典！石膏板吊顶在卧室装修中如果采用得当，会增加视觉上的空间感和层次性。施工程序包括：弹线—安装吊杆—安装龙骨及配件—安装罩面石膏板。主龙骨间距一般为1m，离墙边第一根主龙骨距离≤0.2m，各主龙骨接头要错开，不在一条线上，吊杆方向也要错开，避免主龙骨向一边倾倒。次龙骨间距一般为0.4~0.6m。龙骨吊放时尽量避开灯具。

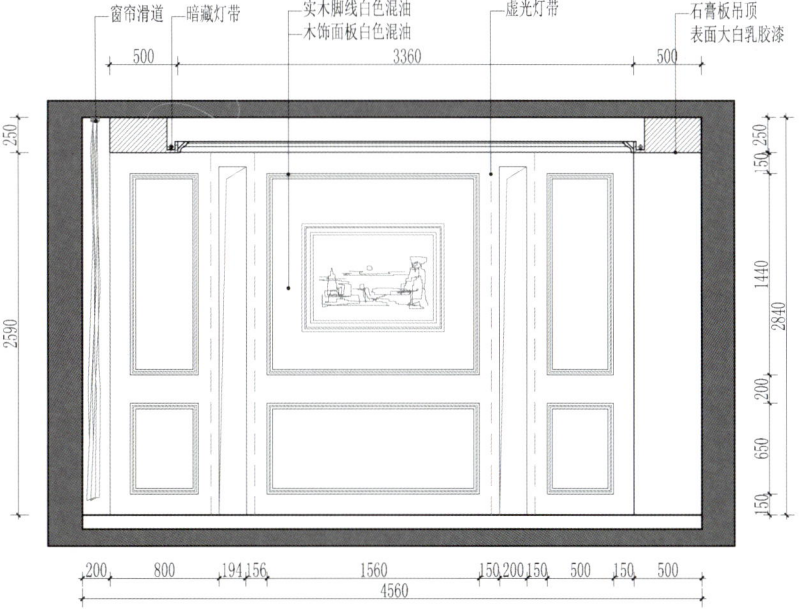

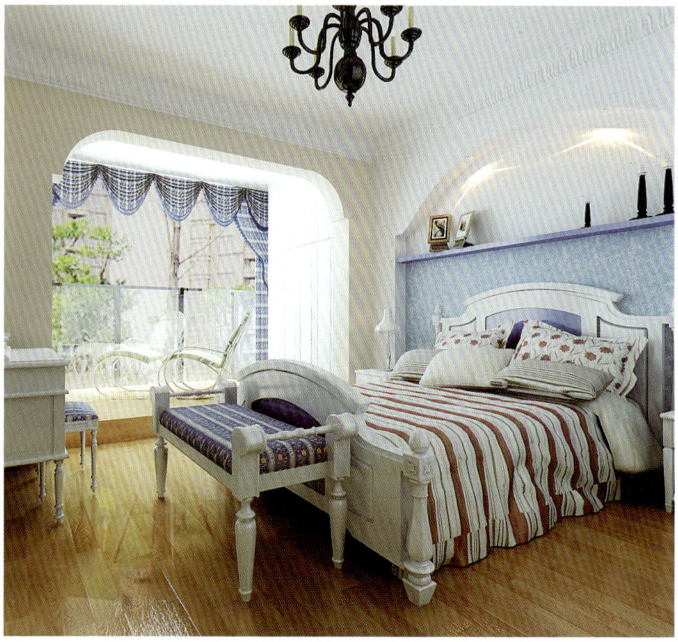
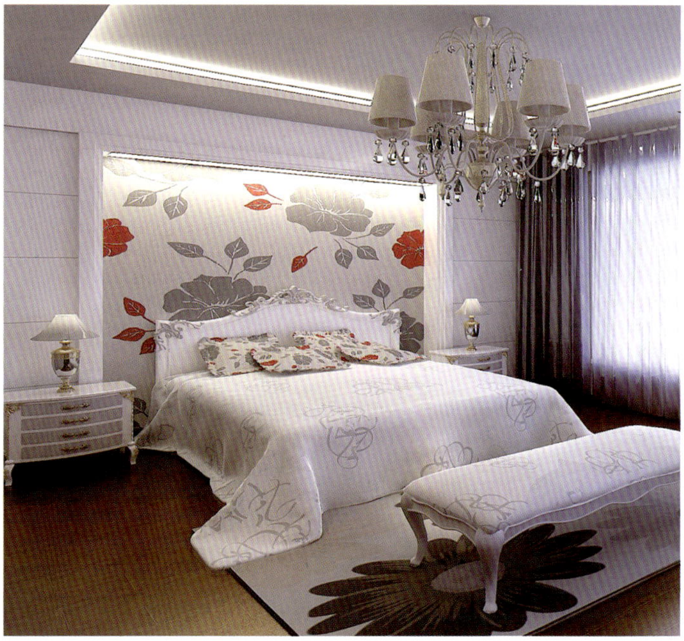
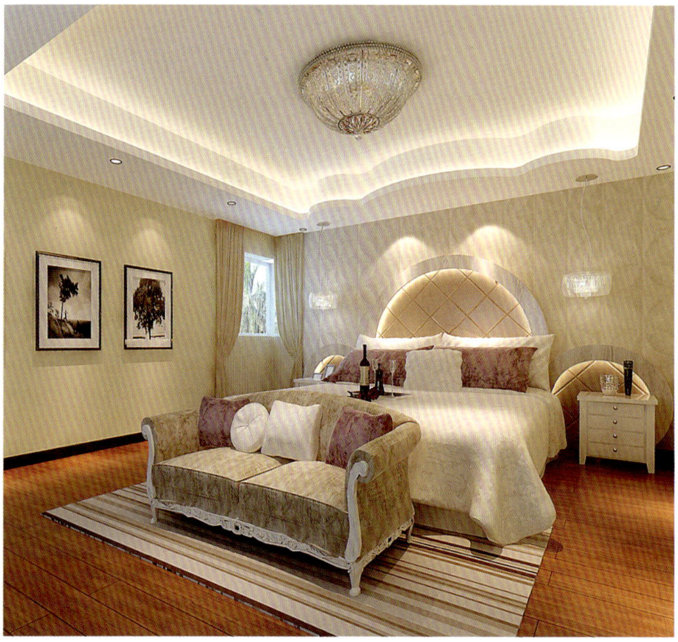
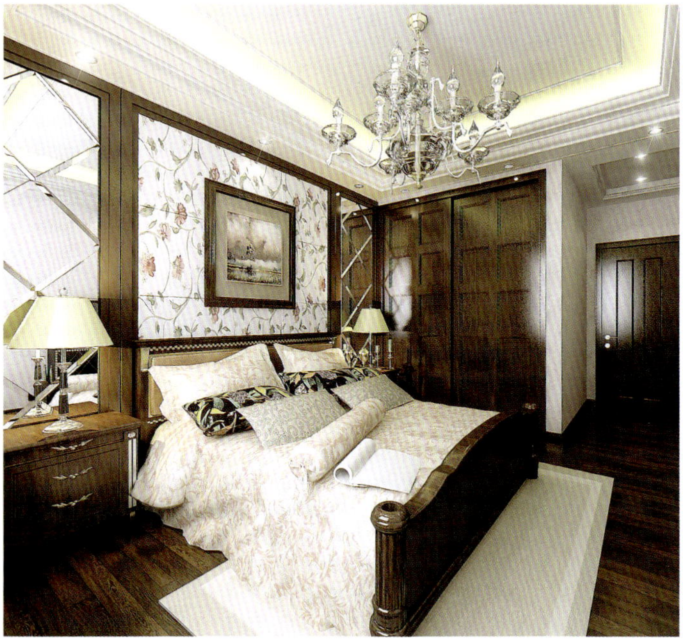
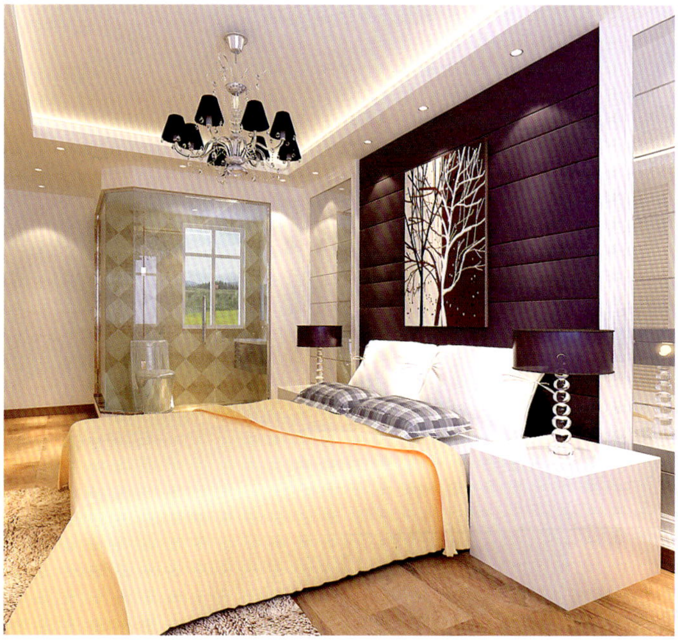
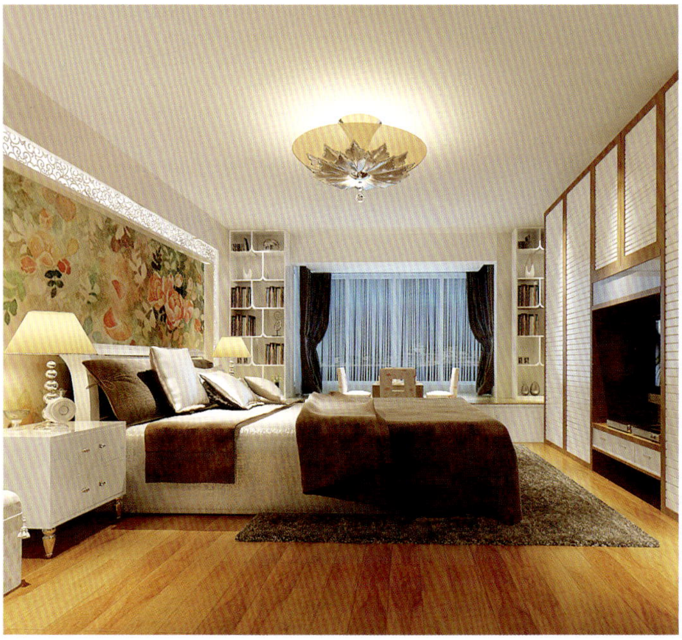

▶ 硅藻泥品性大揭秘

　　硅藻泥是一种以硅藻土为主要原料的环保涂料，硅藻土是一种通用的吸附剂和助滤剂，广泛应用在食品工业、石油工业和化学工业。硅藻泥作为一种天然环保的内墙装饰材料，具有消除甲醛、净化空气、调节湿度、释放负氧离子、防火阻燃、墙面自洁、杀菌除臭等特点。在选购硅藻泥时，首先要观色泽，高品质的硅藻泥色泽柔和、分布均匀，呈亚光状态，有泥面的效果；其次要试手感，高品质的硅藻泥手感细腻，有松木的感觉，而且肌理图案流畅大方，艺术冲击力强，且不易脱色；第三要看吸水，因为硅藻泥具有多孔性、"分子筛"结构的特征，所以通过用喷壶向硅藻泥墙面喷水的实验来测试其性能，高品质的硅藻泥会迅速吸水，并且无水渍、不掉泥、不脱色，还会散发出一种淡淡的泥土芳香。

设计要点

　　竖线条的壁纸，视觉上有一种竖向拉长背景墙的感觉。橙色与白色的搭配给人以温暖热情的感觉，白色竖条中点缀着彩色细线条，更增加了趣味感。组合画框是最简单的配饰，却又十分实用，给整体居室空间增加无穷的美感。没有过分的修饰，处处都恰到好处地点缀着卧室。

设计要点

　　这是一款充满童趣的壁纸，图案大且夸张，非常适合儿童房的背景墙装饰，同时温馨的粉色让人一下就联想到这房间的主人一定是一个可爱活泼的女孩。搭配同色系的床和家具，十分协调。在选择大型图案壁纸时，要考虑房间的大小，太小的房间选择此类型的壁纸，会让房间显得拥挤。

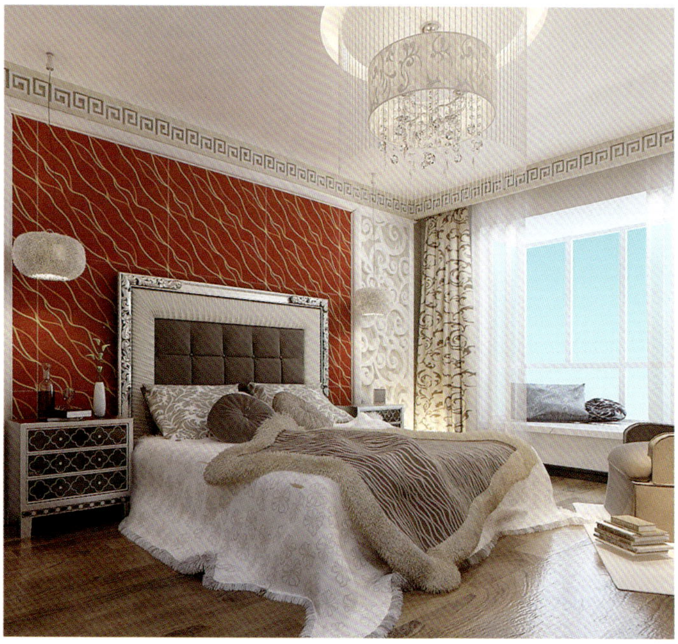

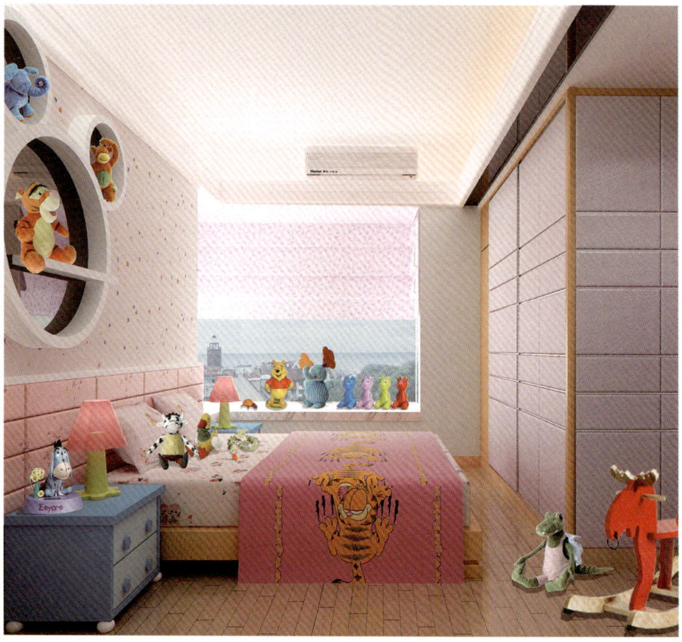

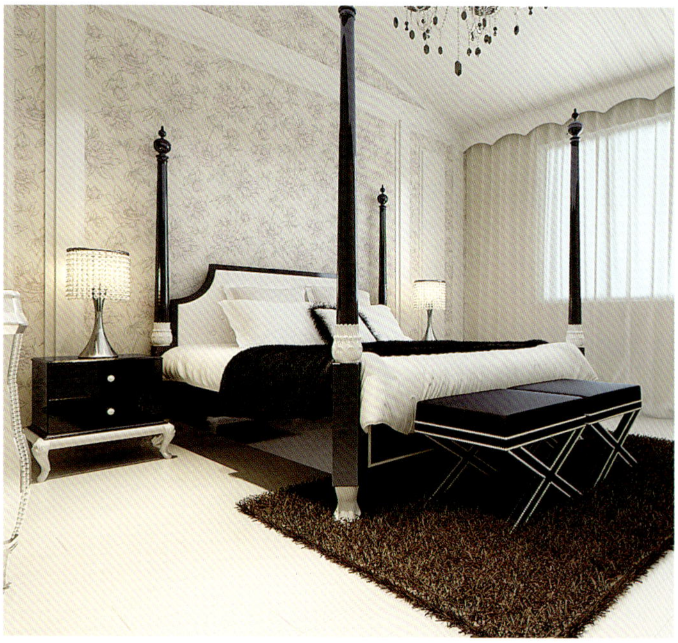

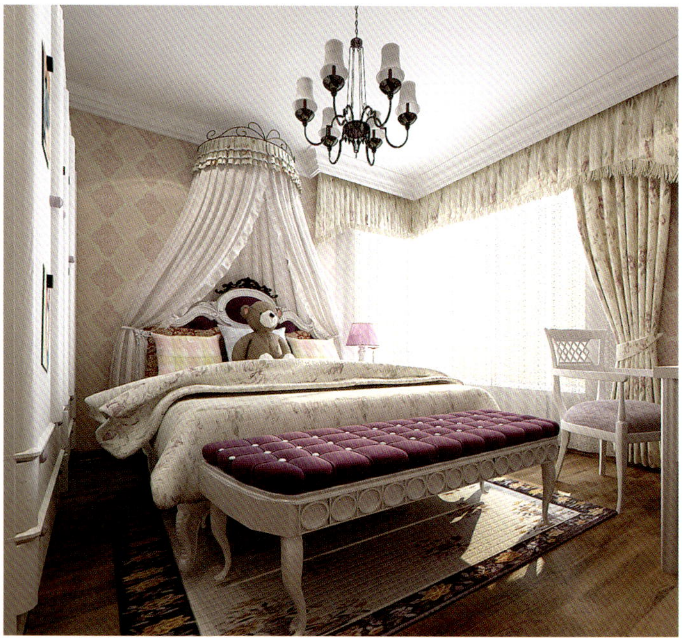

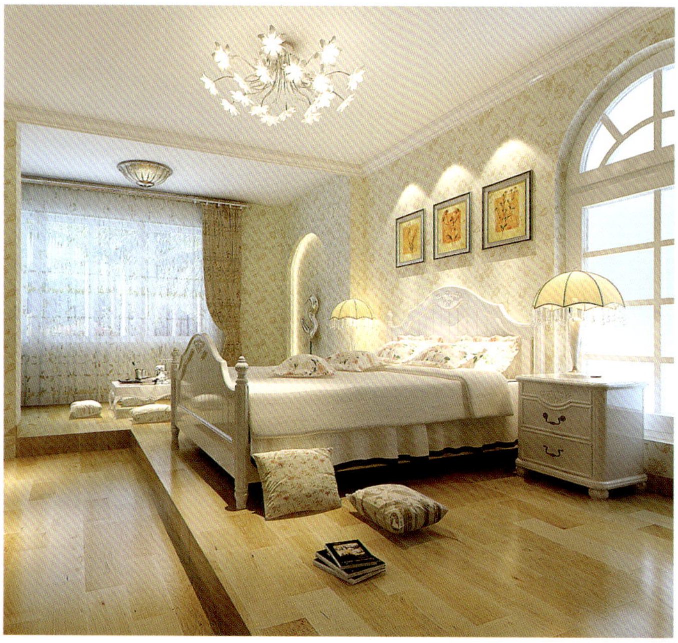

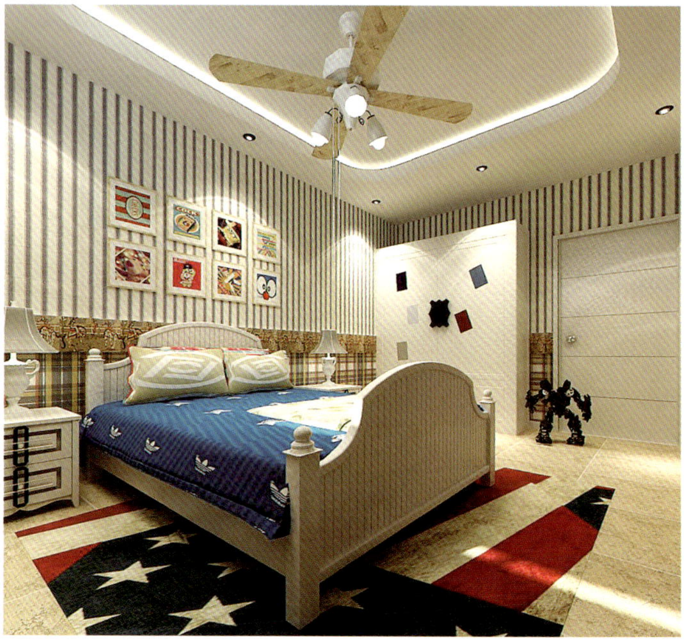

▶ 会讲故事的墙——照片墙设计

　　占有绝对视觉面积的墙面就是家居设计的第一秀场，而有故事的墙绝对会是空间的焦点。每一张照片就是一个故事，每一个故事都会让主人如数家珍地与客人分享。

　　实木照片墙是环保时尚的选择，黑胡桃木相框适合黑白的怀旧相片，墙面选择黑色或白色乳胶漆，将风格介于现代与古典之间。在相框的选择上，有大有小，有长有方，不会显得单调古板。

　　彩色相框是活泼烂漫的体现，错落地布置几张旅行照片，将美好的记忆挂在墙上，每每驻足于此，都会回忆起旅途的美好心情。

　　小照片的拼凑成为照片墙的另一个流行趋势，组合成一个大的图形，如圆形、心形等，唯美浪漫，充满新意。

设计要点

　　此处背景墙采用白色软包、艺术玻璃、线条壁纸相结合的方式进行设计，蓝白线条给人以温馨、清新的视觉效果和感官氛围；根据整体空间和背景墙的具体尺寸，在艺术玻璃的衬托下，更加凸显中间白色软包区域的温暖清新，也增加了卧室空间的整体温馨效果。

▶ 选一款壁纸，打造小清新

　　壁纸以其拥有丰富多彩的花纹图案，以及不同材质带来的强烈质感，深受众多消费者的喜爱。但是在众多选择中，也很容易产生"挑花眼"的情况，下面就推荐几种适合清新风格的壁纸图案。

　　久居都市的人们，无不向往乡村的花海，沉浸于烂漫的世界。选择一款纯净优雅小碎花壁纸，释放家居的浪漫神韵，让恬淡陶然的田园情怀在墙面蔓延，选择一款同色系的碎花布艺沙发、窗帘、桌布，置身其中，宛如能够闻到甜美的花香。

　　条纹款式，如同有着彩虹般的神奇魔力，让家居空间活力四射，无论是横向条纹，还是竖向条纹，产生拉伸感的同时，也充满着一种朴素环保的清新气氛。条纹的色彩最好不超过四种，并且选择其中一种颜色搭配其余配饰，充满视觉跳跃感的同时，又没有突兀感。

　　纯色的壁纸也是打造小清新居室的好手呢。选择一种淡雅的颜色，如淡紫色，搭配同色系的帷幔或珠帘，让居室充满了清新烂漫的气息。

设计要点

本案风格定位在美式乡村风格。整个空间格调采用一个咖啡色的暖色调，在材质上进行皮纹砖、浅咖色壁纸、仿古地砖的组合运用，实木与布艺搭配的家具，不但使整个空间协调统一，而且提升了空间的气质，让整个作品不流于表面。客厅的吊顶采用了简约六根木梁，厚重感十足。无论是木梁内陷式的设计，以及用料，还是着色，均很好地体现出房间的品位，将空间的层次感表现出来；造型别致的顶灯，将空间的档次提升到一个新的高度。这种类型的装饰性木梁有实木和贴饰面板的。实木木梁效果好，但造价会较高。

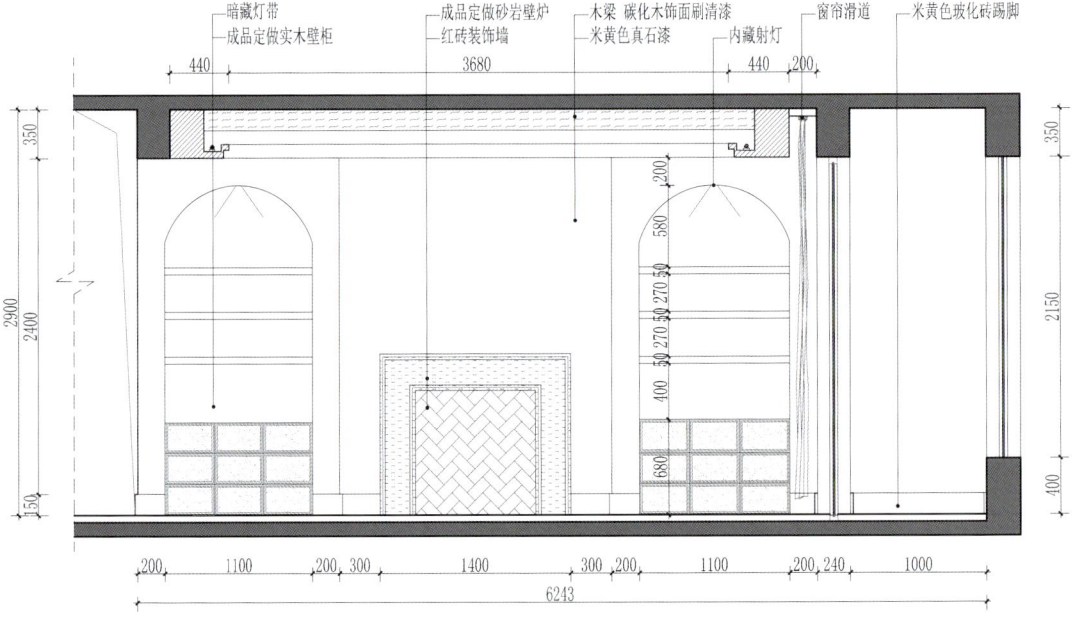

wa wa 墙蛙
墙上艺术的专家
墙蛙旗舰店：wallwa.tmall.com
墙蛙个性定制：wallwa.com
WAKE
UP U
WALLS

▶ 可增强食欲的挂画推荐

通常在一些高档的餐饮店和会所，都会在用餐的地方悬挂一些装饰画以增加空间情趣和用餐食欲。灯光昏暗，烛光摇曳，红酒香醇，这些或许都是一顿完美的晚餐所需要的搭配，可是装饰画同样也是情调的伴侣，它使一个餐厅的氛围大幅提升，搭配极佳的装饰画，甚至能够增强食欲。比如在墙蛙旗舰店当中，有一组小清新的国画类插画——《吉祥水果》，画风清新简约，颜色艳丽，寓意美好，樱桃、石榴、橘子、葡萄新鲜可口的感觉，在餐厅中悬挂，对饮食心情和食欲有很大帮助；又如《杯酒人生》，那种抽象的美感阐释着酒的艺术，画面仿佛喝得微醺时，眼中那个跳跃着欢愉与光怪陆离的世界；饮食就是生活的一部分，并且是重要的组成部分，它是活力，是美味，是画框里跳动着的鲜明色彩，它也是《这就是生活》那样清新的餐厅画。用装饰画唤醒您的墙，唤醒您的食欲，唤醒您生活的精彩。

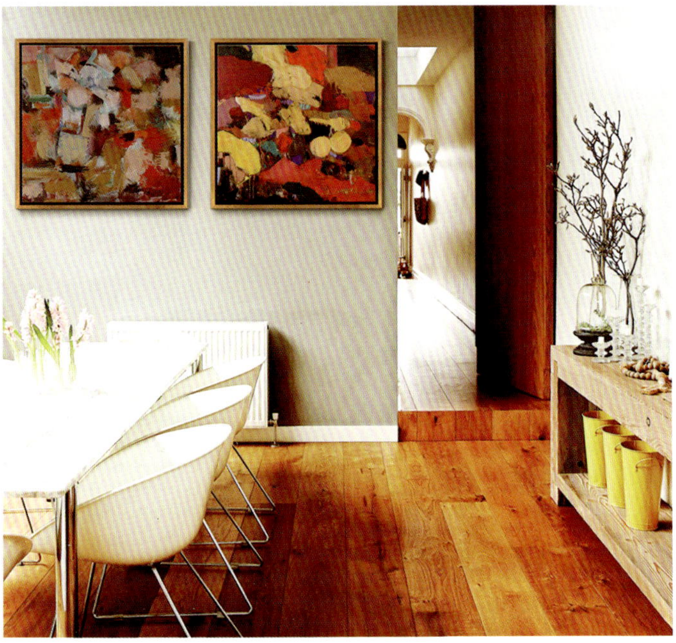

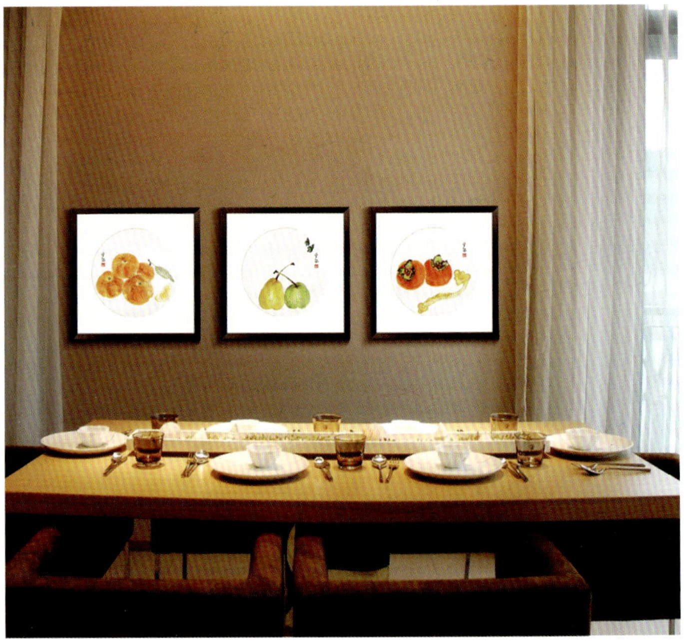

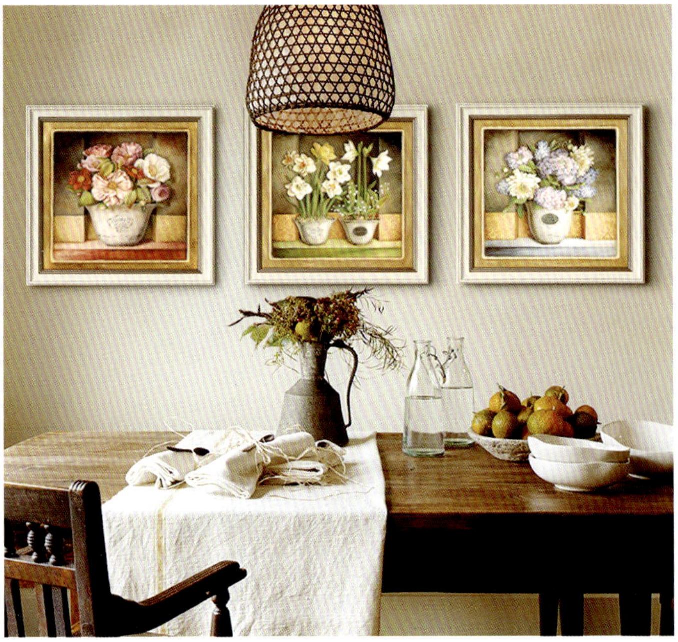

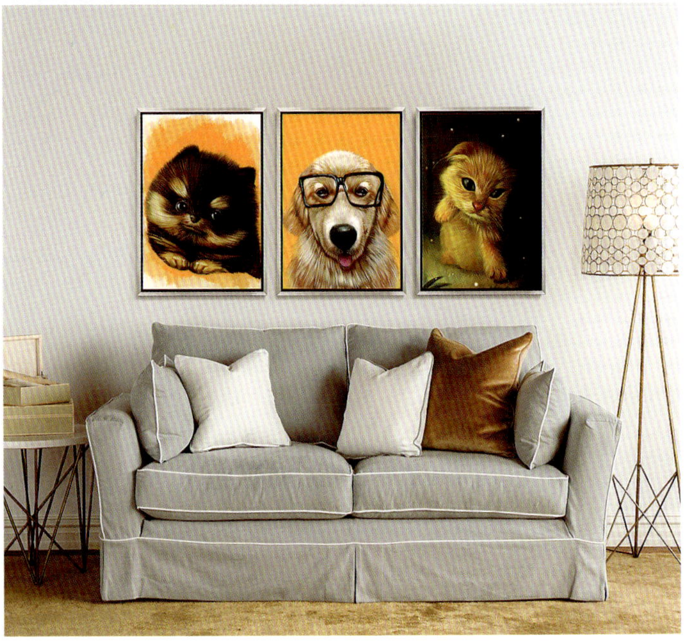

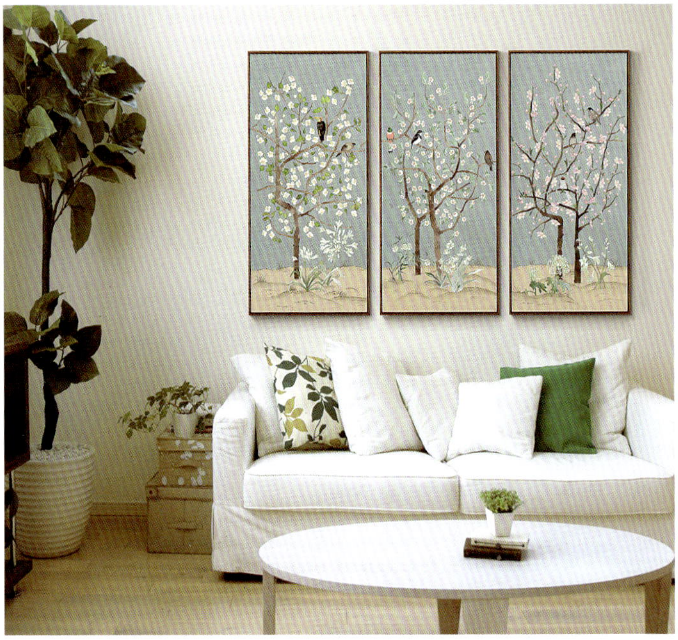

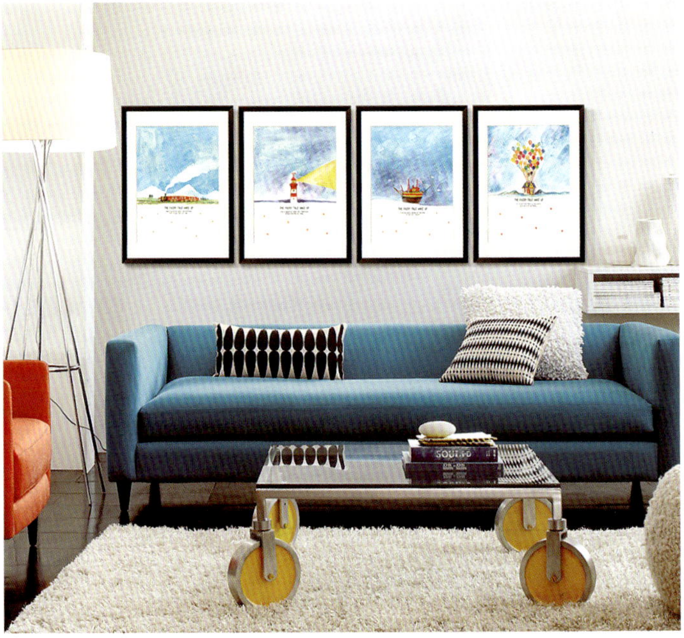

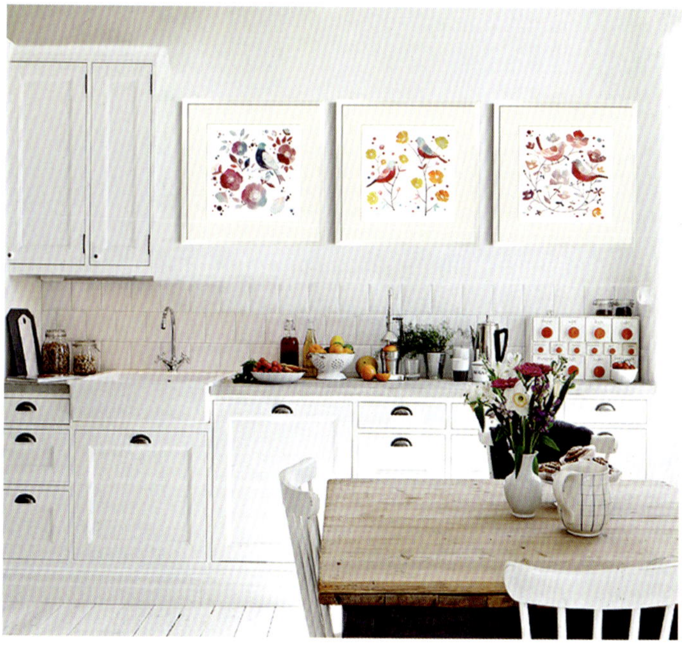

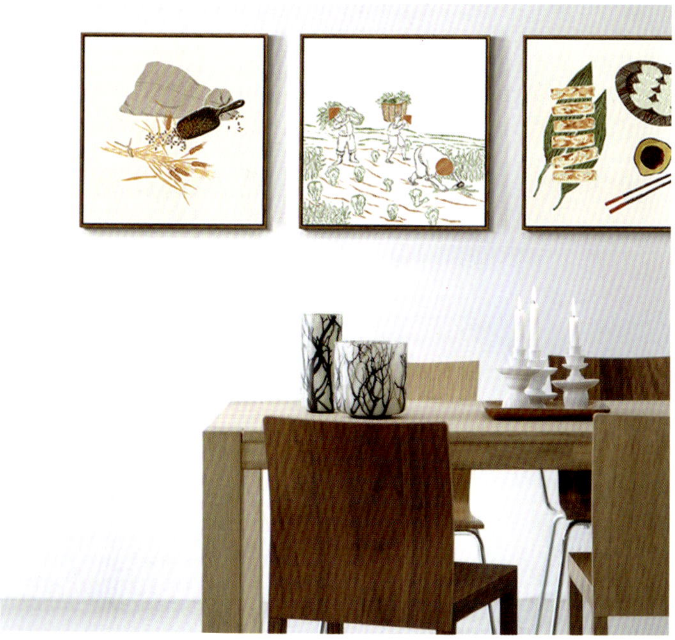

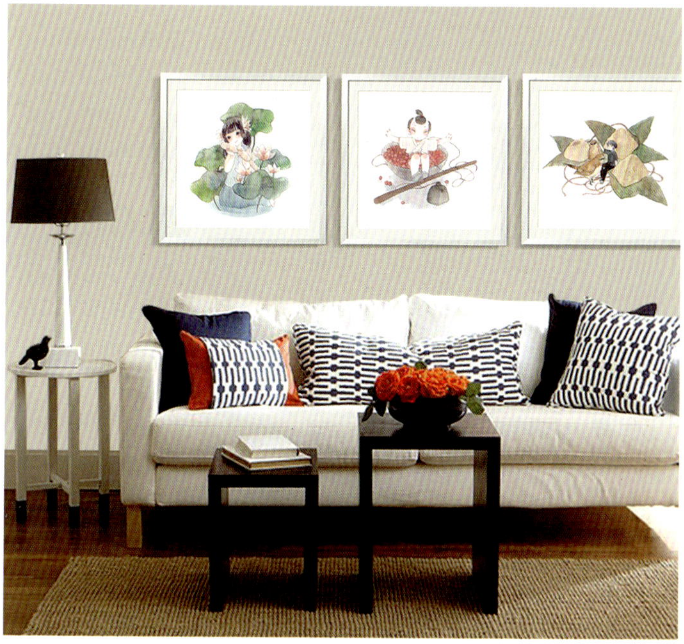

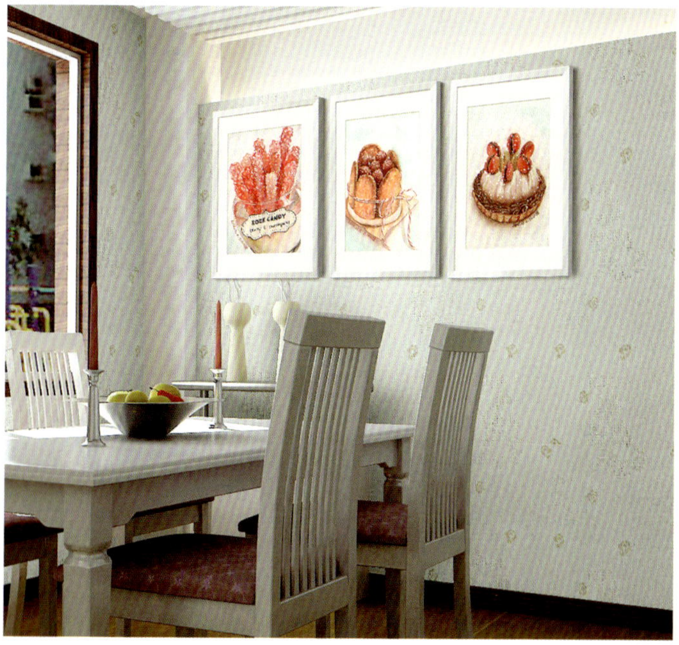

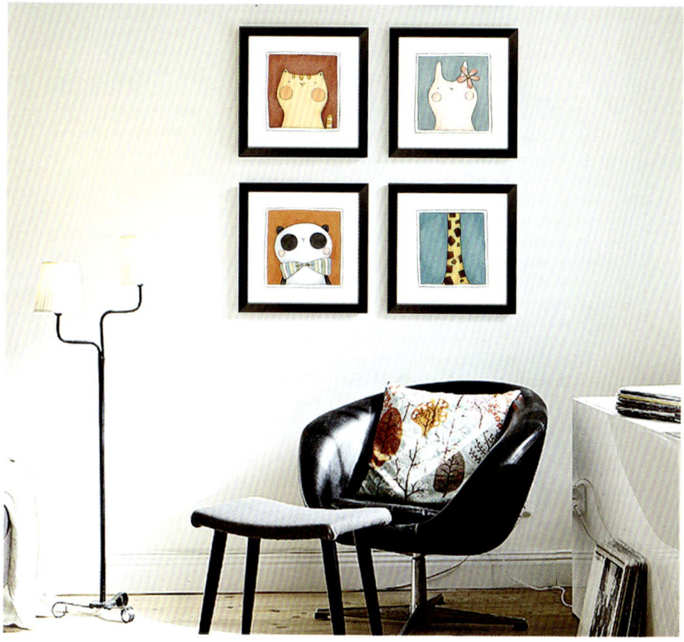

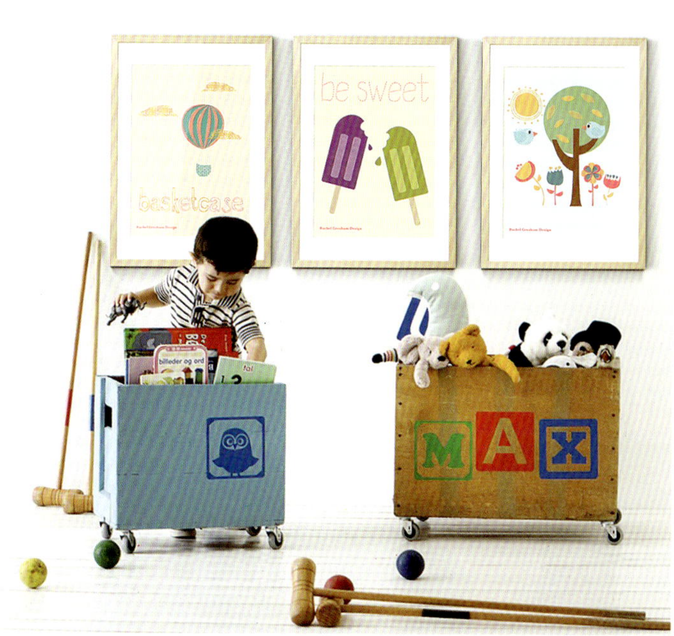
be sweet
basketcase
MAX

▶ 让挂画唤醒墙面的清新活力

　　房子，可以用平方米来丈量，而家的内涵要比此丰富得多。家是盘中餐，家是碗里茶，家是承载着生活点点滴滴的温馨空间。房子与家的距离，在于每一寸空间的悉心装点，在于每一个细节的情感倾注。快节奏生活的当下，打造舒适清新的家居氛围，不仅是一种风格选择，更是对普遍存在的疲乏工作状态的有力对抗与舒缓。而占据大幅家居空间的墙面，自然需要发挥应有的重要作用。其实，如果有一面墙，何不让装饰画来点缀它呢？玄关墙盛放一簇繁花（盛开的荷兰菊），挽手客厅墙走进碧水青山（陈曦相片墙），与卧室墙一起演奏一曲自然清新的森林和弦（森林之声），让清新的装饰挂画唤醒每一个空间的白墙，构造出活力四射的家居空间。这样的家，可以给人离家时的抖擞精神，也可以带来归家后的活力复苏，房子有了跳跃的装点和细节，也就有了属于"家"的吸引和内涵，让房子变成想要的家，家居装饰的意义或许就在于此。

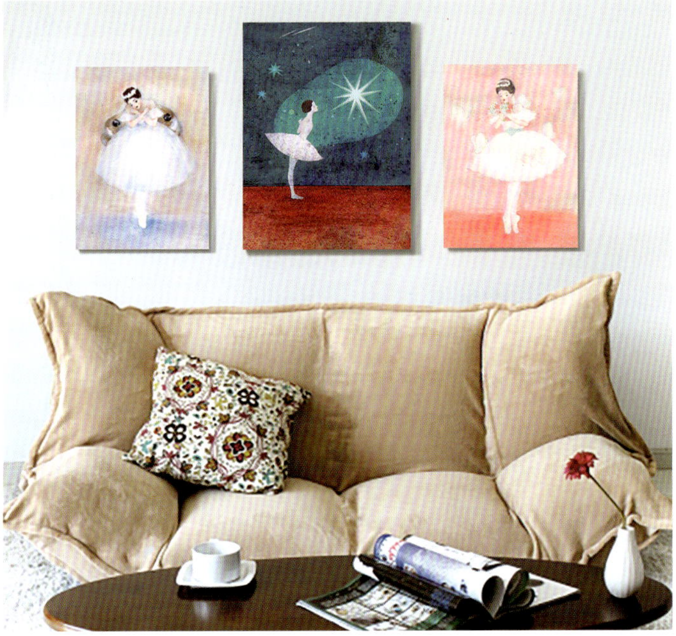

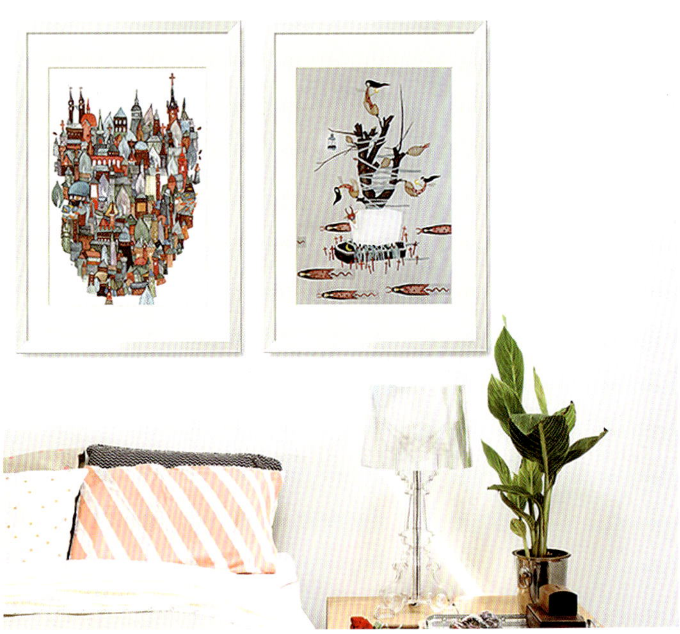

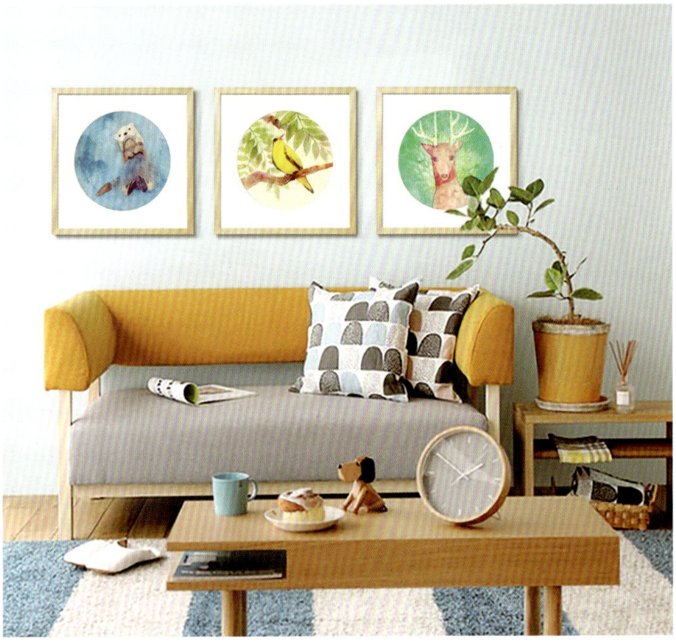

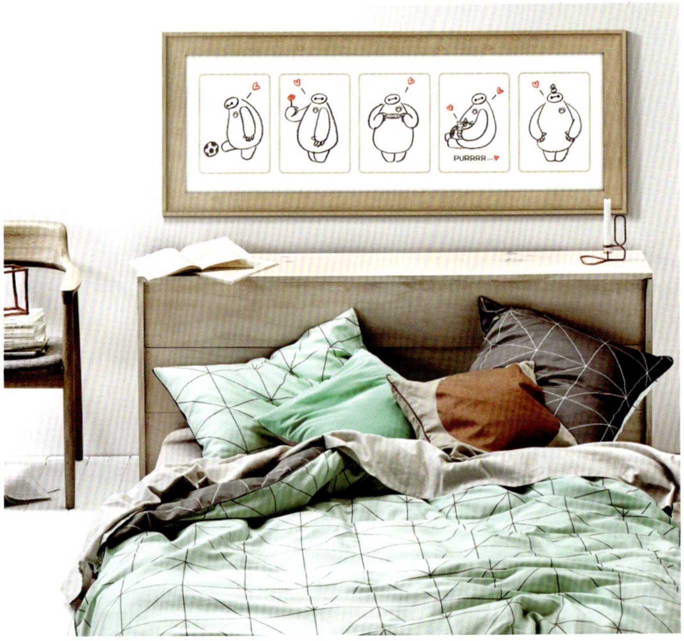
PURRRR...

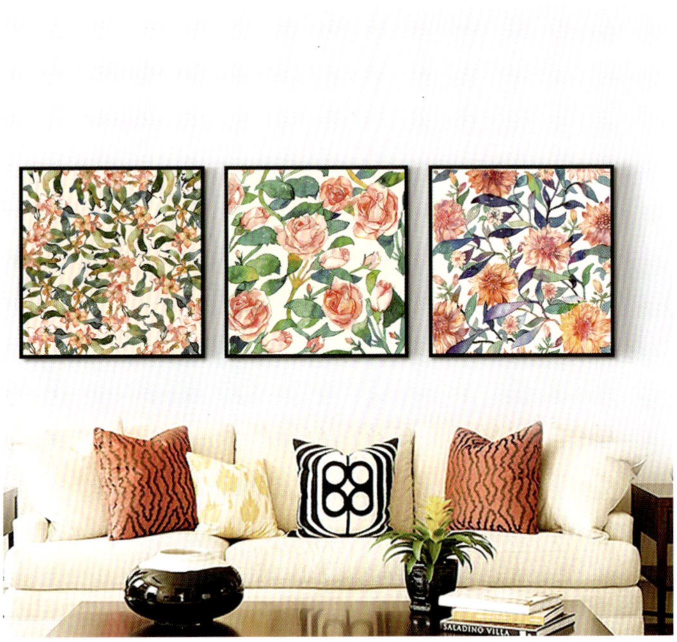

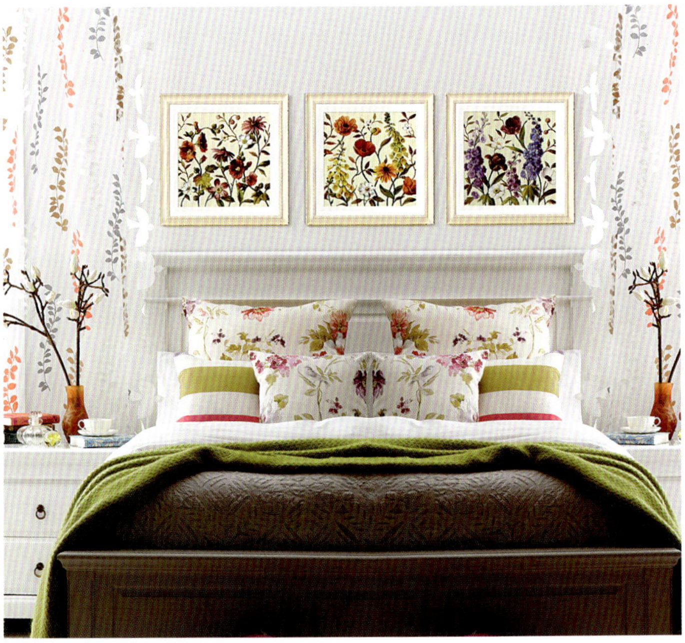

鸣 谢 Acknowledgments

- 墙蛙装饰画
- 胡狸设计室
- 沈阳艾尚装饰
- 3C 工作室
- 天天设计
- 石家庄尚·品设计工作室
- 沈阳山石空间设计
- 胭脂设计工作室
- 沈阳奉泉装饰
- 阁韵空间装饰
- 厦门物色艺术设计
- 威利斯设计工作室
- 大连金世纪装饰
- 登胜设计
- 1979 品牌家居顾问设计公司
- 寒泉设计

- 卜 什
- 万显波
- 马海东
- 文 健
- 王 欢
- 王 达
- 王 玮
- 王娇龙
- 王 琴
- 车正科
- 付占东
- 付佳兴
- 叶智丽
- 叶臻菲
- 田壮亚
- 鸟 人
- 任 伟
- 任 欢
- 刘 帅
- 刘玉河
- 刘 伟
- 刘庆祥
- 刘 阳
- 刘 剑
- 刘 哲
- 刘晓峰
- 刘唯民
- 刘 博
- 刘耀成

- 刘耀明
- 刘 鑫
- 孙立尧
- 孙悦文
- 导火牛
- 朱王凡
- 朱 涛
- 朱 琳
- 池宗泽
- 纪丽琼
- 何帅剑
- 何旭星
- 何炳文
- 吴文进
- 吴序群
- 吴献文
- 宋会杰
- 张 伟
- 张红坡
- 张洪宾
- 张 桥
- 张赐福
- 李中俊
- 李利军
- 李秀玲
- 李 岩
- 李杰亮
- 李 波
- 李晓乐

- 李润明
- 李培林
- 李翠华
- 杨 军
- 杨建锋
- 杨荷英
- 杨静平
- 杨璐帆
- 沙建磊
- 迟家琦
- 陈文伟
- 陈永浪
- 陈 华
- 陈鑫杰
- 单玉石
- 周 扬
- 周竹梵
- 周 周
- 孟 旭
- 孟红光
- 易 俗
- 林志明
- 林耀明
- 欧建书
- 范义峰
- 金杰琼
- 姜 林
- 姜 鑫
- 柯与陈

- 赵开新
- 赵学平
- 郝 建
- 钟方甲
- 钟明弟
- 夏璐鑫
- 徐云飞
- 栾春阳
- 耿 昊
- 袁 野
- 崔文佳
- 常雅婧
- 康 宁
- 黄 军
- 黄 岩
- 寒 泉
- 彭 政
- 曾成毕
- 董晓卓
- 蒋 洪
- 管 杰
- 黎世红
- 黎 武
- 薛文强
- 戴文军
- 戴文强